Allerweltsvogel

Jette Anders

Allerweltsvogel

Eine kleine Kulturgeschichte des Spatzen

Impressum

Bibliografische Informationen der Deutschen Nationalbibliothek
Die Deutsche Nationalbibliothek verzeichnet diese Publikation in der Deutschen Nationalbibliografie; detaillierte bibliografische Daten sind im Internet über http://dnb.d-nb.de abrufbar.

ISBN: 978-3-86408-221-4

Am Friedrichshain 22 / 10407 Berlin
info@vergangenheitsverlag.de

www.vergangenheitsverlag.de

Titelbild: The Cock Sparrow von George Edwards (1694-1773), undatiert, Courtesy of the Paul Mellon Collection, Yale Center for British Art, Yale University, New Haven, Connecticut.

für Irina

Inhaltsverzeichnis

1. Der Allgegenwärtige

Im Morgendämmern … erhebt sich Vogelgeschwätz.
Die Spatzen, die Nachtigallen der Stadt.
Joachim Ringelnatz

Wir halten sie für unbedeutend und nutzlos, doch eigentlich sind Spatzen kleine Helden. Graubraun gefiederte Helden, die manchem historischen Ereignis eine überraschende Wendung gegeben haben. Heldenhaft zum Beispiel haben sie sich für den legendären irischen König Gormund in den Kampf gestürzt, um die Stadt Cirencester bei Oxford zu erobern. Gormund ließ ihnen mit Schwefel und Pech gefüllte Nussschalen unter die Flügel binden, anschließend flatterten die Vögel als lebende Fackeln in die Stadt, die so zerstört wurde. Einen ähnlich tapferen Tod erfuhren im Mittelalter auch ihre russischen Verwandten: Ein Tuch mit Schwefel und Zunder am gefiederten Körper tragend, steckten sie zum Ruhme der Fürstin Olga die Stadt Iskorost in Brand.[1] Unzählige Spatzen ließen selbstlos ihr Leben für die Geschicke der Menschheit, doch sind diese Taten längst in Vergessenheit geraten.

Heute sehen wir in ihnen nur noch die kleinen, stets gegenwärtigen Allerweltsvögel, die nutzlos und faul vor dem Bäcker und in der Hecke herumlungern.

Meistens nehmen wir sie nicht einmal wahr, weil sie so gewöhnlich, banal und unscheinbar wirken, dass es kaum der Mühe wert scheint, ihnen Aufmerksamkeit zu schenken. Außerdem gibt es so viele von ihnen, dass wir es für unnötig erachten, sie als bemerkenswert zu betrachten oder uns gar Sorgen über ihre Bestände zu machen. Allein in Berlin lebt schätzungsweise eine Viertelmillion Spatzen. Weshalb also sollte man an diese Tiere überhaupt einen Gedanken verschwenden?

Vielleicht genau deshalb: Weil sie überall sind, seit jeher gemeinsam mit uns Menschen auf engstem Raum leben und aus unserer Welt nicht wegzudenken sind. Im Grunde sind sie nicht zu übersehen, doch gelingt es uns auf bemerkenswerte Weise, sie fast vollständig aus unserem Wahrnehmungsbereich auszuschließen. Denn ganz ehrlich: Wer weiß eigentlich, wie ein Spatz genau aussieht? Vermutlich können mehr Menschen das Aussehen eines Erdmännchens, Kaiserpinguins oder Clownfisches beschreiben als das eines Haussperlings, obwohl die meisten von uns wohl noch keines dieser exotischen Tiere leibhaftig gesehen haben.

Dabei sehen Spatzen alles andere als langweilig und unscheinbar aus. Ihr Gefieder hat feine, raffinierte Zeichnungen und ist mitnichten eintönig grau. Genau genommen kann man die kleinen Vögel sogar als schön bezeichnen. Ihre Schönheit ist nicht in einer besonders bunten Farbgebung zu finden, sondern setzt sich aus einer Vielzahl zarter Farbnuancen zusammen, die genauestens proportioniert sind. Oder um es anders auszudrücken: Ihre Schönheit ist so fein und unaufdringlich, dass sie sich uns nur mitteilt, wenn wir ihr die angemessene Beachtung schenken.

Doch die meisten Menschen tun dies eben nicht. Sie nehmen nur im Vorbeigehen oberflächlich einige auffällige Eigenheiten des Vogels wahr. Diese Wahrnehmungen gleichen sie dann unbewusst mit dem üblichen Interpretationsschema für menschliche Eigenschaften ab und blitzschnell ist ein Charakterbild erstellt, das beim Spatzen im Wesentlichen die Attribute klein, unansehnlich, ordinär, frech, aufdringlich, zänkisch, schmutzig, laut und beliebig umfasst.

Vor allem die letztgenannte Eigenschaft scheint dem Vogel anzuhängen, denn ihr ist zu verdanken, dass anscheinend fast jeder Mensch eine andere Meinung über ihn hat. Es ist bemerkenswert, wie viele große Dichter und Denker sich über den Spatz geäußert haben und meinten, sein Verhalten irgendwie bewerten zu müssen. In dem Buch *Die Vögel im Volksglauben* wird er sogar als der heute am meisten verachtete Vogel der Welt bezeichnet.[2] Unzählige Male ist der Spatz für Allegorien und Metaphern verschiedenster Ausprägungen bemüht worden.

Nun ist es ja keineswegs ungewöhnlich, dass wir Menschen die Tiere, Pflanzen, Landschaften und überhaupt alle natürlichen Gegebenheiten nach Lust und Laune interpretieren. Und das tun wir so, dass sie unseren Wünschen und Kenntnissen entsprechen und sich möglichst unkompliziert in unseren Ordnungs- und Wertevorstellungen unterbringen lassen. Den tatsächlichen Gegebenheiten gestehen wir dabei nur selten einen eigenen, d.h. menschenunabhängigen Stellenwert zu. Eine Schnecke wird als träge und langsam interpretiert, obwohl sie das zweifelsohne nur nach menschlichen Maßstäben ist. Die Eule gilt als weise, weil ihr Kopf Ähnlichkeit mit dem von uns Menschen hat und wir Menschen uns für furchtbar klug halten – nicht umsonst haben wir uns selbst die Bezeichnung Homo Sapiens, also weiser Mensch, gegeben.[3] Offenbar können wir nicht anders und meinen, die Eigenschaften der Natur um uns herum immer an uns selbst messen und sie unaufhörlich beurteilen zu müssen.

Der Spatz aber nimmt in unserer Welt des Ordnens, Messens und Bewertens eine besondere Stellung ein. Sein beliebiges und gleichzeitig allgegenwärtiges Erscheinungsbild macht ihn seit der Antike zum idealen Spielball für unsere Interpretationswut. Ja, wir treiben es mit dem kleinen Vogel so arg, dass man ihn schon fast als klischeehaftes Symbol der Beliebigkeit bezeichnen kann. Er ist die perfekte Projektionsfläche für alle menschlichen Befindlichkeiten und ein wunderbares Ventil für unsere Aggressionen, Triebe und Schwächen.

Ob irgendeine unserer Vorstellungen über den Spatzen wirklich etwas mit dem Vogel selbst zu tun hat, sei dahin gestellt. „Weiß denn der Sperling, wie`s dem Storch zumute sei?"[4], fragte Goethe einst, doch lässt sich diese Frage auch abwandeln: Weiß denn der Mensch, wie`s dem Sperling zumute ist? Und dennoch glauben wir immer zu wissen, was der kleine Vogel alles kann, will oder soll und warum. Wir dichten ihm menschliche Charaktereigenschaften an und verurteilen, verschmähen, beschimpfen und verfolgen ihn wegen dieser angeblich ihm eigenen Attribute. Oder auch deshalb, weil der Vogel so ist wie er ist und sich nur selten so verhält, wie wir es gern hätten. Wenn er wenigstens ein farbenfrohes Gefieder besäße, könnten wir uns an seinem Aussehen erfreuen. Wenn er schön singen würde, wäre das immerhin ein Vergnügen für unsere Ohren. Und wenn er sich zähmen und abrichten ließe, könnten wir ihn nach Belieben kraulen oder apportieren lassen. Da er aber nun einmal keinerlei Eigenschaften hat, die unsere Sinne betören oder anderweitige Bedürfnisse befriedigen können, ist der Spatz für uns das, was er zu sein scheint: ein beliebiger Allerweltsvogel.

2. Der gefiederte Ketzer

Den Himmel überlassen wir den Engeln und den Spatzen.
Heinrich Heine

Rom im Mittelalter. Eine Kirche voller Nonnen, auf der Kanzel ein Prediger im Rederausch. Die Aufmerksamkeit der Frauen lässt schon seit einiger Zeit zu wünschen übrig, eine scharrt mit den Füßen im Staub, ihre Nachbarin kratzt sich unter der rauen Kutte. Da fliegt ein Sperling in die Kirche, springt umher, tschilpt ein wenig und macht dem Prediger mit kleinen Mätzchen binnen kurzer Zeit auch die letzte Zuhörerin abspenstig. Der Geistliche ist darüber wenig erfreut, sein Gesicht verfärbt sich zusehends und seine Stimme wird lauter, aber weder Spatz noch Nonnen lassen sich dadurch stören. Schließlich kann der Mann nicht mehr an sich halten. Mit donnerndem Bass verkündet er, dass dieser Störenfried nicht einfach ein gewöhnlicher Vogel sei. Nein, sondern der Satan höchstpersönlich, der in Gestalt des Spatzen die Nonnen verführen und von seinen gottgegebenen Worten ablenken wolle. Dann befiehlt er einer der Frauen, den Vogel zu fangen und ihm zu bringen und als er das arme Tier in den Händen hält, beginnt er, ihm bei lebendigem Leibe sämtliche Federn auszureißen. Das gequälte Wesen schreit

erbärmlich vor Schmerz, doch der Prediger lacht nur und als er fertig ist, wirft er den gerupften Sperling mit erhabener Geste auf den staubigen Kirchenboden: „*Nun fliege denn dahin, wenn du kannst!*"[5] Eigentlich unnötig zu erwähnen, dass er nach diesem Zwischenfall wieder die ungeteilte Aufmerksamkeit der Nonnen hatte.
Nur wenige Jahre nach diesem Ereignis ging ebenjener Prediger als heiliger Dominikus in die Kirchengeschichte ein, wo er noch heute einen unfehlbaren Ruf als freundlicher und ausgeglichener Mensch mit viel Mitgefühl für jede Art von Leiden genießt.

Wir begegnen dem Spatzen überall: In der Geschichte, der Politik, dem Alltag, der Religion – was eigentlich auch kein Wunder ist, schließlich ist er ja an jeder Straßenecke präsent. Er erfreut sich nicht gerade übermäßiger Beliebtheit und es ist auch durchaus denkbar, dass er schon in früheren Zeiten keinen besonders guten Ruf genossen hat, aber dass er gleich als Inbegriff des Teufels galt?
Tatsächlich taucht er vor allem in der christlichen Religion in den verschiedensten Zusammenhängen auf. Dabei ist er aber kein Vogel mit klarem und eindeutigem Symbolgehalt, wie etwa die Taube oder die Eule. Er steht eher für allerlei kleinere und größere Vergehen und dient als mahnendes Beispiel zur Versinnbildlichung verschiedener menschlicher Sünden. Und

da sich offenbar nur schwer eine positive Eigenschaft an ihm finden lässt, gilt er meist als von Grund auf schlechtes Wesen und manchmal ist er eben sogar der Teufel selbst. Die Überlieferung kennt so viele Beispiele für den sündigen Charakter des Spatzen, dass wir Menschen beim täglichen Anblick dieses kleinen Vogels eigentlich regelmäßig erschauern müssten.

Sogar Jesus selbst musste die spätzische Schlechtigkeit aufs Ärgste am eigenen Leibe erfahren. Eine Legende berichtet, dass die Sperlinge die Nägel zur Kreuzigung Christi herbeigebracht hätten, und als dieser dann am Kreuze hing und litt, hätte „die Spatzensippe" „schif, schif" gerufen, er lebt, er lebt, um die Henker anzustacheln ihn noch mehr zu quälen. Andere Legenden variieren die Geschichte etwas: In einer rumänischen Sage heißt es, die Sperlinge wären früher viel größer gewesen, aber nachdem sie Jesus nun nicht in Ruhe am Kreuze sterben ließen, verfluchte er sie und sagte: „*Möget ihr ganz klein werden, euch nur von Brosamen am Weg nähren, mögen euch die Kinder mit Netzen und die Reisenden mit Peitschen töten.*" Und einer russischen Überlieferung zufolge bestrafte Jesus die Spatzen für ihre Tat, indem er ihnen die Füße verwirrte, so dass sie seither nur noch hüpfen können.[6]

An der Schlechtigkeit dieser Vögel kann nach dieser Geschichte also kaum Zweifel bestehen und es ist unübersehbar, dass der Heiland ihnen nicht gut gesonnen war. Es gibt da allerdings eine weitere Anekdote über Jesus und die Sperlinge, die zeigt, dass zwischen beiden eine ältere und offenbar komplexere Beziehung bestand.

Im Kindheitsevangelium des Thomas heißt es, dass Jesus, als er ein fünfjähriger Knabe war, an einem Bach spielte und dort aus Wasser und Lehm zwölf Sperlinge formte. Da an diesem Tag aber gerade Sabbat war, kam Joseph zu ihm und erzürnte, weil er verbotene Dinge tat. Jesus aber klatschte daraufhin in die Hände, rief „*Auf! Davon!*" und die Sperlinge flogen von dannen.[7] Diese Geschichte ist, abgesehen davon, dass Christus am Sabbat arbeitete, vor allem bemerkenswert, weil die Schöpfung von Kreaturen ja Gott vorbehalten war. Jesus hat aber nicht nur ganz klar seine Kompetenzen überschritten, sondern er muss mit den zwölf Spatzen auch besondere Wesen in die Welt gesetzt haben. Denn konsequenterweise können diese keinesfalls so gut und perfekt wie die von Gott erschaffenen Geschöpfe gewesen sein, das wäre dann ja in gewisser Weise Blasphemie. Es ist daher wohl anzunehmen, dass sie irgendwie minderwertig waren. Was erklären würde, weshalb die Sperlinge (beziehungsweise ihre Nachkommen) so sündenanfällig und schlecht waren und noch immer sind. Wie auch immer der Vorfall zu interpretieren ist, in jedem Fall war diese Anekdote der spätantiken Bibelkommission suspekt, denn diese entschied, sie nicht in das heilige Buch aufzunehmen, sondern in die Apokryphen zu verbannen. Abgesehen von den religiösen Aspekten, lässt sich diese Geschichte aber auch in eine andere Richtung weiterdenken: Vielleicht ist Jesus mit seiner eigenmächtigen Schöpfung ja verantwortlich für die spätere spätzliche Überbevölkerung der Welt? Womöglich hat er durch sein Handeln das ganze göttliche Weltgefüge durcheinander gebracht? Irgendwie kommt einem dieses gedankenlose Eingreifen in die Natur bekannt und höchst aktuell vor. Anscheinend ist der kindliche Jesus da einer der menschlichen Kardinalschwächen verfallen, der Hybris – Selbstüberschätzung gepaart mit der fehlenden Fähigkeit, die Folgen der eigenen Handlungen abschätzen zu können. Bei einem Kind ist eine solche Handlungsweise immerhin durchaus verzeihbar.

Der teuflische Spatz hat sich aber nicht nur in die christlichen Legenden, sondern auch in die moderne Literatur getschilpt. In Bulgakows *Meister und Margarita* tritt bekanntlich der Teufel im Gewand des Voland auf und hat ein offenkundiges Vergnügen daran, immer mal wieder die Gestalt zu wechseln. In einer der zahlreichen skurrilen Szenen des Buches (deren Inhalt so absurd ist, dass es wenig Sinn hat, ihn hier im Ganzen wiedergeben zu wollen) verwandelt Voland sich in einen überdimensionierten Spatzen, der sich auf den Arbeitstisch eines Professors für Lebererkrankungen setzt – einer Randfigur übrigens, deren Person und Beruf keinerlei nachvollziehbare Bedeutung für den Roman hat. Aus dem Nachbarzimmer ist von einem Grammophon ein Foxtrott mit dem Titel *Halleluja* zu vernehmen und der Vogel, *„ein garstiger Spatz, der Theater spielte und auf dem linken Fuß lahmte*“, beginnt wie ein Betrunkener schwankend herumzutanzen und sich auch sonst äußerst flegelhaft zu benehmen, ohne dass näher erläutert wird, worin sich diese Flegelhaftigkeit äußert. Nachdem er genug getanzt hat, setzt sich der Vogel auf das Tintenfass des Professors und entleert sich in dasselbe, zerschlägt dann noch schnell einen Bilderrahmen und fliegt schließlich zum Fenster hinaus.[8] Im weiteren Verlauf dieser Szene wird dem Professor dann von einer Krankenschwester mit Häubchen und Männerbass eine Tasche mit Blutegeln gebracht, die er zwei Stunden später überall an seinem Kopf festgesaugt wiederfindet. (Aber wie schon gesagt: Den Inhalt der Szene sinnvoll wiedergeben zu wollen ist problematisch.)

Zugegeben, diese Spatzenepisode ist äußerst kurz und weshalb Bulgakow sie überhaupt in sein Werk einbaute ist ebenso schwer zu erklären, wie die Sache mit den Blutegeln. Auf jeden Fall hielt er den Vogel aber für so schlecht und böse, dass er ihn mit dem Teufel in Verbindung brachte.

In der christlichen Religion tritt der Sperling natürlich nicht überall und ausschließlich als teuflische Gestalt auf, aber dass er von vielen Glaubensträgern nicht gemocht wurde, spiegelt sich in so mancher Überlieferung wider. Martin Luther beispielsweise war augenscheinlich ein Vogelfreund, denn in seiner *Klageschrift der Vögel an Lutherum* prangerte er mit klaren Worten die Jagd auf Vögel an, doch den Spatzen nahm er ausdrücklich davon aus. Bei anderer Gelegenheit beschimpfte er ihn sogar: „*Du Barfüsser Mönch mit deiner grauwen Kappen / du bist der allerschädlichste Vogel*", wetterte er in einer seiner zahlreichen Tischreden, „*der grauwe Sperling der ist viel ein ärger und schädlicher Vogel / denn die Schwalbe / Denn er raubet / stilet / und frisset alles / was er nur bekommen kann…*".[9]

Aber auch der heilige Franziskus hatte den Legenden zufolge so seine Probleme mit den Spatzen. Nun ist Franziskus vor allem wegen seiner großen Tierliebe bekannt und er predigte mit großer Begeisterung vor allen Geschöpfen, die ihm begegneten. Er nannte sie seine lieben Brüder und Schwestern und schenkte jedem noch so kleinen Lebewesen seine Zuwendung. Eine Laus, die er einst auf seiner Kutte fand, nahm er vorsichtig zwischen die Finger, küsste sie und sagte „*Liebe Schwester Laus, lobe mit mir den Herrn*", bevor er sie wieder zurück auf seinen Kopf setzte, von dem sie sich offenbar verirrt hatte.[10] Den Spatzen aber vermochte er keine so uneingeschränkte Zuneigung entgegen zu bringen: Er empfand sie als störend und rügte sie wegen ihrer Schwatzhaftigkeit.

Eine besonders große Abneigung gegenüber den kleinen grauen Vögeln hegte jedoch ein Pfarrer am Hofe des sächsischen Kurfürsten August. Während einer Predigt in der Dresdener Kreuzkirche im Jahre 1559 trieben ihn die Spatzen mit ihren Mätzchen dermaßen zur Weißglut, dass er *„wegen ihres unaufhörlichen verdrießlichen großen Geschreis"* kurzerhand den Kirchenbann über sie aussprach.[11] Allerdings war dieser Tierbann in der Kirchengeschichte kein Einzelfall. So wurden schon 1121 in einem kleinen französischen Örtchen die Mücken exkommuniziert und genau hundert Jahre später die Aale im Genfer See, und zwar vom Lausanner Bischof höchstpersönlich. In Südfrankreich traf der Bann die Störche, im Aosta-Tal fand ein Exorzismus gegen Maulwürfe statt[12] und im Jahre 1474 wurde bei Basel sogar ein Hahn als Ketzer auf dem Scheiterhaufen verbrannt, weil es als bewiesen galt, dass er ein Ei gelegt hatte.[13] Die Bannung der Spatzen in der Dresdner Kirche erregte seinerzeit indes ziemliches Aufsehen, insbesondere weil Kurfürst August von Sachsen die Verurteilung der Vögel so sehr begrüßte, dass er sie stehenden Fußes durch einen offiziellen Erlass bestätigte. Alles in Allem wird kaum jemand Anstoß an der Ächtung genommen haben, denn letztlich galt der Spatz, ob er nun schlecht und teuflisch oder einfach nur lästig sein mochte, als eines der geringsten Geschöpfe überhaupt. Schließlich sagt Jesus im Neuen Testament zu seinen Jüngern, dass ohne den Willen Gottes kein Spatz zur Erde fällt (Matthäus 10.29). Was bedeutet, dass Gott sich um alle Lebewesen kümmert, sogar um die unbedeutendsten aller Kreaturen.

Gottes Auge ruht auf allen Lebewesen, selbst auf den Sperlingen

Die Nichtigkeit des Sperlings spiegelt sich übrigens auch in der französischen Sprache wider. Dort leitet sich das Wort für Sperling (*moineau*) zwar von *moine* ab, dem Wort für *Mönch*. Doch gibt es in dieser Sprache auch den verwandten Begriff *moins*, was soviel wie *gering* bedeutet. Der Zusammenhang zum Spatzen ist klar, aber was bedeutet diese sprachliche Verwandtschaft eigentlich für den Mönch?
Aber kommen wir noch einmal zurück zu der erwähnten Bibelstelle, denn dort heißt es wörtlich: „*Kauft man nicht zwei Sperlinge um einen Pfennig? Dennoch fällt deren keiner auf die Erde ohne euren Vater.*" Das ist, abgesehen von der offensichtlichen Geringschätzung, deshalb interessant, weil die Vögelchen also wohl doch einen gewissen Wert hatten, und zwar als Opfertiere. Üblicherweise brachte ein Bittsteller dem Priester zwei Spatzen als Opfer dar: Einen davon schlachtete der Geistliche, den zweiten ließ er fliegen. Somit hatten die Tiere einen nicht zu unterschätzenden Nutzen, denn sie waren so preiswert, dass sogar die Ärmsten sich ein solch gefiedertes Opfer leisten, oder, um es anders auszudrücken, sich schon für wenige Piepen von ihrer Schuld frei kaufen konnten. Zumal die Preise durchaus flexibel waren und den Bedürfnissen des Einzelnen angepasst werden konnten. Denn während bei Matthäus noch ein Pfennig für zwei Sperlinge gezahlt werden musste, gab es bei Lukas einen Mengenrabatt: Dort erwarb man gleich

fünf Sperlinge für zwei Pfennige (Lukas 12.6). Der Käufer hatte damit eine halbe Sünde umsonst bekommen. Für die Vögel selbst war dieser ganze Handel wenig erfreulich, auch wenn immerhin die Hälfte von ihnen überlebte. Der lateinische Name für Sperling lautet übrigens passer. Ob er wohl auf das Wort Passion = Leiden zurückzuführen ist?

Der Sündenspiegel

Es ist besser ein junger Spatz zu sein als ein alter Paradiesvogel.
Mark Twain

Die genannten Beispiele haben zweifellos gezeigt, welch schlechten Ruf der Spatz einst in der christlichen Religion genoss. Doch abgesehen von seinem ganz allgemeinen miserablen Ansehen wurden ihm auch sehr konkrete schlechte Eigenschaften nachgesagt. Der Spatz galt als faul, streitsüchtig, jähzornig, großmäulig, liederlich, diebisch, listig, maßlos, schmutzig, kurzum: Er war der Inbegriff nahezu aller Sünden. Ausdrücke wie Dreckspatz oder Spatzenhirn sind ja auch heute noch jedem geläufig und lassen sich beim besten Willen nicht positiv deuten. Als schmutzig gilt das Vögelchen beispielsweise, weil es die Angewohnheit hat, sich ausgiebig im Sand zu wälzen. Was wir aus unserem kleinräumigen menschlichen Blickwinkel heraus natürlich ohne viele Umstände als dreckige Schweinerei deuten. Dabei ist es, wie so häufig, keineswegs so, wie wir zu wissen glauben. Der Spatz ist einer der saubersten Vögel überhaupt. Mehrmals täglich nimmt er sowohl Wasser- als auch Sandbäder, die verschiedene hygienische Bedürfnisse abdecken, und wenn das Wetter es zulässt, folgt auch noch ein Sonnenbad. Das Sandbad dient dabei vor allem der Entfernung von Parasiten. Die Badeveranstaltungen finden meist in kleinen sozialen Gruppen statt und ist mal kein Sand vorhanden, lässt sich zur Not auch ein anderes Badesubstrat verwenden. In einer Werkskantine badeten aus Sandmangel einmal mehrere Spatzen eines Trupps nacheinander in einer Zuckerdose.[14] Nach den Bädern findet dann in der Gruppe eine gemeinsame Gefiederpflege statt, die von lautstarkem Geschwätz begleitet wird.

Aber auch der Begriff Spatzenhirn und die damit angedeutete vermeintliche Dummheit des Vogels ist nicht zutreffend und basiert gleichfalls auf unserer Vorstellung, unsere menschlichen Eigenschaften und Verhaltensweisen seien das Maß aller Dinge. So gehören die Sperlinge zu den „raum-intelligenten" Kleinvögeln[15], die sich problemlos in komplexen Raumstrukturen bewegen und beispielsweise Türen und Fenster benutzen können. Was vermutlich ein Grund ist, weshalb sie so gut in unseren Städten zurechtkommen. Dabei können sie sich dank ihrer sehr guten Lernfähigkeit auch mühelos den ständigen Veränderungen anpassen. Britische Forscher beobachteten, dass Spatzen an einer Bushaltestelle regelmäßig einen Warteraum aufsuchten, der durch eine Schwingtür verschlossen war. Als diese durch eine automatische Tür ersetzt wurde, lernten die Vögel in kürzester Zeit, sie durch Flattern vor dem Photosensor zu öffnen. Was diesen Raum so attraktiv machte, wird in der Studie verschwiegen, doch es ist anzunehmen, dass sie dort nicht auf den Bus gewartet haben. Allerdings sind Spatzen nicht sonderlich gut für die Käfighaltung geeignet, werden nur schwer zahm und tun dann auch nur selten Dinge, die den menschlichen Bedürfnissen schmeicheln, wie etwa die öhrchenknabbernden Wellensittiche oder die jubilierenden Kanarienvögel. Vielleicht werden sie ja deshalb als dumm eingeschätzt, weil sie nichts tun, was uns Menschen nützlich sein oder wenigstens Freude bereiten kann? Gefangene und gezähmte Sperlinge scheinen sich ein wenig wie Katzen aufzuführen: Sie sind launisch und zuweilen zickig und demonstrieren bei jeder sich bietenden Gelegenheit, dass sie die wahren Herrscher im Hause sind. Diese Erfahrung hat zumindest Clare Kipps gemacht, eine Londonerin, die Mitte des 20. Jahrhunderts ihr Haus mit zwei zahmen Spatzen teilte. Ihr erster Spatz hieß Clarence und sollte während des Zweiten Weltkrieges sogar Weltruhm erlangen, aber diese Geschichte wird später noch zu erzählen sein. Jedenfalls hatte Mrs. Kipps mitnichten den Eindruck, dass ihre Spatzen dumm waren.

Abgesehen von Schmuddeligkeit und Dummheit wird den Vögeln auch Liederlichkeit und Faulheit nachgesagt, was vor allem mit ihrem etwas nachlässigen Nestbau zusammen hängt. Wir Menschen und insbesondere wir Deutschen legen ja großen Wert auf das äußere Erscheinungsbild unserer Wohnverhältnisse, die sauber, ordentlich und möglichst komfortabel sein sollen. Dabei beschränkt sich unser Interesse keineswegs auf die eigenen vier Wände, sondern erstreckt sich auch gerne auf die Lebensräume unserer Nachbarn, die wir stets mit kritischen Blicken begutachten und bewerten. Und dies tun wir natürlich unbewusst auch bei unseren tierischen Nachbarn. Vor der Baukunst der Ameisen und Wespen haben wir große Achtung. Den kunstfertigen Holzburgen der Biber zollen wir hohe Anerkennung und die fein geflochtenen Nester der Buchfinken und Singdrosseln oder die schön geformten Beutel der Schwanzmeisen betrachten wir immerhin mit Wohlgefallen. Wo es uns möglich ist, helfen wir aus ästhetischen Gründen auch gerne einmal nach. Den Wachhunden im Vorgarten bauen wir geräumige Hütten mit Spitzdächern und den Kohl- und Blaumeisen hängen wir fein gezimmerte kleine Holzhäuschen an die Bäume, die manchmal sogar mit aufgemalten Fenstern und Schornsteinimitaten verziert werden.

Aber die Sperlinge suchen sich irgendwelche Nischen unter Dächern oder Löcher in Hauswänden und stopfen wahllos alles hinein, was sie finden können, egal ob Gras, Wolle, Papier, Lumpen oder Plastikfetzen. Das geschieht auch nicht sehr sorgfältig und oftmals hängen Wollfäden oder Lumpenreste heraus und flattern lose im Wind. Solch ein Anblick beleidigt selbstverständlich unsere Augen und widerspricht gänzlich unseren Ordnungsprinzipien.
Manche Spatzen aber sind besonders faul und okkupieren einfach die Bauten anderer Vögel. Einige richten sich sogar in Storchennestern ein, wobei sie letztere gemeinsam und in Einklang mit den Störchen bewohnen. Ein in der Literatur immer wieder gern genanntes Beispiel für die Faulheit des Sperlings ist die Geschichte von jenem Pärchen, das einst ein gerade erbautes Schwalbennest bezog und dort zu nisten begann. Als die Schwalben zurückkamen, waren sie so erbost, dass sie den Eingang des Nestes zumauerten und die Spatzen darin elendig verhungerten.[16] Tatsächlich ist die Sekundärnutzung von Nestern keineswegs eine Besonderheit der Sperlinge, sondern in der Vogelwelt absolut üblich. Der Kampf um guten Wohnraum ist dort weit verbreitet, wie jeder Besitzer eines Gartens oder Balkons mit einem Vogelhäuschen bestätigen kann. Jedes Frühjahr finden wochenlange Revierkämpfe zwischen Singvögeln jeglicher Couleur statt, ehe sich endlich ein Pärchen

durchsetzen und nisten kann. Allerdings nehmen diese Kämpfe nur selten ein so unschönes Ende wie für die Spatzen in dem Schwalbennest.

Es sind dem Sperling nun bereits fast alle schweren Sünden aus dem christlichen Wertecodex zugeordnet worden, aber eine der schwersten Sünden blieb bisher noch unerwähnt: Luxuria – die Wollust. Und ausgerechnet dies ist die Sünde, mit welcher der Spatz in der Geschichte am stärksten und häufigsten in Verbindung gebracht wurde.
Schon in der Antike galt der Sperling als Symbol der sinnlichen Begierde. Sappho[17] schrieb, dass der Wagen der Aphrodite von Sperlingen gezogen wurde – ein Motiv, das sich in abgewandelter Form auch im Hinduismus wiederfindet, wo der Liebesgott Kamadeva auf einem Sperling reitend dargestellt wird. Bei den Römern war der Spatz vor allem als Symbol für zweideutige Anspielungen beliebt. Ausschlaggebend dafür waren zwei Verse des Dichters Catull an seine Geliebte Lesbia, in denen er den Vogel als ihren Spielgefährten bezeichnete. „*Sperling, meines Mädchens Wonne, mit dir spielt sie gern, hält dich am Busen, bietet dir die Fingerspitze zum Angriff und reizt dich zu heftigen Bissen*"[18], heißt es da und jeder kann sich seine eigenen Gedanken machen, wie diese Zeilen gemeint sein mögen. Was Heerscharen von Altphilologen auch getan und vielfach in so epischer Breite zu Papier ge-

bracht haben, dass man staunen möchte, welche Leidenschaft eine Handvoll alter lateinischer Verse in den gelehrten Altertumsforschern zu wecken vermag.

Sir Edward John Poynters Vorstellung von Lesbia und ihrem Sperling (1907)

Während der erotische Symbolgehalt des Sperlings in der Antike noch keineswegs negativ bewertet wurde, änderte sich das ein paar Jahrhunderte später hingegen grundlegend. Das Sperlingshähnchen hat während der Paarungszeit eine auffällige Potenz und da er sie ohne Rücksicht auf die Sitten und Bräuche der Menschen in freier Natur und vor aller Augen auslebt, gab sein Verhalten seit dem Mittelalter Anlass zu allerlei empörten Äußerungen. In der *Naturgeschichte des Sperlings teutscher Nation* wird von einem Spatzen berichtet, der mehr als 20 Deckungen nacheinander durchführte und ein Zeuge will sogar 300 Kopulationen innerhalb eines Tages gezählt haben, was aber selbst dem Chronisten dieses Berichts etwas zu hoch erschien.[19] Abgesehen von der Glaubwürdigkeit solcher Zahlen schien die Potenz der Sperlinge jedenfalls grundsätzlich großen Eindruck zu machen. Sogar Hegel bemühte die kleinen Vögel für einen Vergleich und meinte, wir Menschen wären im Denken zwar besser, aber „*als Sinnliche so gut oder so schlecht wie Sperlinge*".[20]

Die angebliche übermäßige Potenz der kleinen Spatzenhähne hat im Übrigen auch so manchen Vogel das Leben gekostet. Der frühneuzeitliche Aberglaube kannte eine ganze Reihe von Hausmitteln mit liebes- oder potenzfördernder Wirkung, denen das eine oder andere Körperteil eines Sperlings beizumengen war. Im Thüringischen kursierte ein libido-steigerndes

Mittel mit „*Spatzen-Hirn, wenn sie im Coitu erschossen*"[21]. Wahlweise ließen sich wohl auch die Hoden der Vögel verwenden, wobei sich die pragmatische Frage stellt, wie viele man davon wohl benötigte, um eine optisch wahrnehmbare Menge des Wundermittels herstellen zu können. Weniger schwierig, wenn auch nicht weniger blutrünstig, erscheint da der Brauch, zwei sich zankende Spatzen zu fangen und ihnen die Federn auszureißen, um damit Unfrieden zwischen Liebenden zu stiften.[22] Was nun aber die tatsächliche wollüstige Sündhaftigkeit der Spatzen betrifft, so ist sie letztlich genauso haltlos wie alle anderen angeblichen Laster des kleinen Vogels: Sperlinge sind keineswegs unzüchtige Lüstlinge, sondern paaren sich kaum öfter als andere Vögel und leben außerdem monogam. Sie sind ihren Partnern in der Regel ein Leben lang treu und zu Neuverpaarungen kommt es nur beim Tod des Brutpartners.

3. Vom rechten und linken Flügel

Wenn Habichte tagen, geht`s dem Spatz an den Kragen.
Sorbisches Sprichwort

Wir erinnern uns: Der Spatz ist klein, grau, eher unscheinbar, auf jeden Fall unansehnlich, er tritt vor allem in Gruppen auf. Sein Verhalten ist lästig bis ordinär, seine Stimme zu laut und sein Geschrei zu aufdringlich. Er gilt als verschlagen, diebisch und legt ein parasitäres Verhalten an den Tag, denn in früheren Jahrhunderten lebte er von den Haferkörnern im Pferdemist oder plünderte die Kornfelder, während er heute Kuchenkrümel von Cafétischen stiehlt. Kurzum: Das Verhalten des Spatzen liefert die beste Vorlage für einen Vergleich mit unerwünschten politischen Gegnern und allen voran ist er natürlich der Inbegriff der Unterschicht, er ist der Plebejer unter den Vögeln.
Carl J. Steiner beschrieb ihn 1891 als „*Proletarier, […] ein kecker, verschmitzter Bursche, ein Cyniker nach allen Prädikamenten, aber ein patenter Geselle*“[23], nannte ihn aber keine zwei Seiten weiter abwechselnd einen Strauchdieb, Bettler, Strolch und „*Paria der Vogelwelt*“. Das ist ein recht ambivalenter Blickwinkel, doch es gibt auch Fälle, in denen der plebejische Vogel als Sinnbild für konkrete politische oder auch ökonomische Ansichten herhalten musste. Der Anthroposoph Rudolf

Steiner beispielsweise (mit dem Carl J. aber nicht verwandt war) bezeichnete ökonomische Verhältnisse, die ohne volkswirtschaftlichen Nutzen sind, als „*Spatzenwirtschaft*", da Spatzen angeblich nur für ihr eigenes Wohl sorgen und keinen Gemeinwert erzeugen.[24] Damit wäre der Vogel in seiner Interpretation der Inbegriff eines selbstbezogenen und unsolidarischen Wesens. Was der Spatz jedoch mitnichten ist, legt er doch ein ausgeprägtes Sozialverhalten an den Tag.

Einen ganz anderen Ansatz verfolgt hingegen eine wirtschaftspolitische These, die von John Kenneth Galbraith[25] als Pferdeapfeltheorie bezeichnet wurde. Darin heißt es, wenn man den Pferden genug Hafer gibt, dann wird davon auch etwas für die Spatzen auf der Straße landen. Übersetzt bedeutet das schlicht und ergreifend, wenn die Reichen immer reicher werden, dann profitieren auch die Ärmsten irgendwie davon – eine Theorie, die von der Wirtschaftspolitik heute maßgeblich vertreten wird, obwohl namhafte Wirtschaftswissenschaftler wie Joseph E. Stiglitz und Paul Krugman ihrem Wahrheitsgehalt berechtigte Zweifel entgegen setzen.

Der plebejische Spatz hat aber nicht nur in politischen Theorien, sondern auch in konkreten historischen Ereignissen Bekanntheit erlangt. Während der ungarischen Revolution im Jahre 1848 beispielsweise sind in Budapest mehrere satirische Flugschriften unter dem Titel *Die große Spatzenversammlung* erschienen, in denen die Budapester Einwohner als Spatzen dar-

gestellt wurden, die ihre politische Meinung ungeniert von den Dächern pfeiften. Diese Flugschriften hatten, wie die Revolution selbst, aber nur eine kurze Lebensdauer und ihr Herausgeber, Eduard März, wurde noch im selben Jahr zu zwei Jahren „*Schanzarbeit*" verurteilt, weil seine Spatzen die österreichische Armee verspottet hatten.[26]
Aus der Zeit der österreichischen k. u. k.-Monarchie stammt übrigens wohl auch der Ausdruck „*mit Kanonen auf Spatzen schießen*". Als 1871 der österreichische Ministerpräsident Andrássy und der deutsche Reichskanzler Bismarck in Salzburg aufeinander trafen, um dort unter anderem über ihren Umgang mit den Jesuiten zu sprechen, sagte Andrássy, er liebe es nicht, mit Kanonen auf Spatzen zu schießen, woraufhin Bismarck erwiderte: „*Ich gedenke auch nicht, unter die Spatzen zu schießen, aber ich will ihre Nester ausnehmen*".[27] Was Bismarck prompt in die Tat umsetzte, denn ein Jahr später erließ er das Jesuitengesetz, mit dem die Niederlassung des Jesuitenordens im Deutschen Reich verboten wurde.

Wie man sich denken kann, bedienten sich alle möglichen politischen Lager symbolisch der Spatzen, um ihre Feinde zu verunglimpfen. Und wie kaum anders zu erwarten, haben natürlich auch die Nationalsozialisten die kleinen Vögel vereinnahmt und meinten, Parallelen zwischen Spatzen und Juden feststellen zu können.

Vermenschlichte Tierdarstellungen sind mit ihrem auf den ersten Blick harmlosen und meist sogar niedlichen Erscheinungsbild besonders eingängig, weshalb sie sich hervorragend für die Kindererziehung eignen. Und so ist es auch nicht verwunderlich, dass der Spatzen-Juden-Vergleich den Weg in ein Kinderbuch mit dem harmlosen Titel *Der Pudelmopsdackelpinscher und andere besinnliche Erzählungen* fand, das 1940 in Nürnberg erschienen ist[28]:

Da kommen im Frühling Herr und Frau Star aus dem Süden zurück und finden ihr Häuschen von zwei Sperlingen besetzt. Als Herr Star den Spatzen droht, benehmen die sich erst frech, bekommen dann aber Angst und fliegen schließlich davon. Einen Tag später sehen die Stare die Sperlinge mit anderen zusammen auf dem Hof, wie sie dort unter ihresgleichen herumlungern. Als diese anfangen sich untereinander um Brotkrumen zu streiten, sagt Herr Star zu seiner braven Gattin: „*Ja so sind die Spatzen, solange sie auf Diebstahl ausgehen […] halten sie brüderlich zusammen, […] aber wo sie keine Gelegenheit mehr dazu haben […] betrügen sie sich gegenseitig. Die Sperlinge sind nun einmal eine Gaunerrasse.*“[29]

Soweit zu den Sperlingen. Doch der Autor will den jungen Lesern keine Gelegenheit geben, falsche Schlussfolgerungen aus dieser Geschichte zu ziehen und lässt umstandslos die Moral folgen mit der denkwürdigen Aussage: „*Sperlinge gibt es nicht nur unter den Tieren. ‚Sperlinge' gibt es auch unter den Menschen. Es sind die Juden. Wie die Sperlinge die ‚Juden' unter den Vögeln sind, so sind die Juden die ‚Sperlinge' unter den Völkern.*"[30] Dann erläutert er zwei Seiten lang, weshalb die Juden so schlecht sind wie die Sperlinge und umgekehrt und lässt dieser langatmigen Schilderung schließlich sogar noch einen Absatz folgen, in welchem er den Sperling zu den hässlichsten und schmutzigsten Vögeln der Welt zählt und meint, auch da Parallelen zu den Juden zu finden. Spätestens wenn der Autor mit „typisch jüdischen" Attributen wie henkelartigen Ohren, ekligem Geruch und schleichendem Gang usw. auffährt, sollte der Leser allerdings die Lektüre abbrechen, da er sicher sein kann, damit die befremdliche Lehre dieser Parabel in ihrer ganzen Tiefe erfasst zu haben.

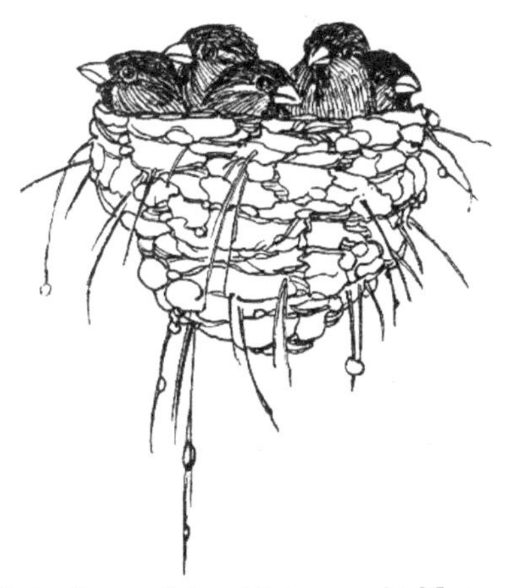

Die faulen Spatzen haben sich ins gemachte Nest gesetzt

Der Vergleich zwischen Juden und Sperlingen ist aber keineswegs eine Erfindung der Nationalsozialisten. Schon 150 Jahre vor ihnen wollte der namhafte deutsche Wissenschaftler Georg Christoph Lichtenberg[31] Parallelen erkannt haben, die er in seinen *Sudelbüchern* und Tagebüchern festgehalten hat.

Der Physiker hegte gegen die Spatzen offenbar eine recht tiefe Abneigung, die manchmal sogar einen beträchtlichen Teil seiner Aufmerksamkeit in Anspruch zu nehmen schien. An manchen Tagen beschränkten sich seine Tagebucheinträge auf Meldungen wie die vom 20. Juni 1794: „*Wassermeyer bei mir. Um 2 Uhr wieder ein Gewitter. Ich soeben auf dem Garten angekommen mit der Flinte. Einmal fehl geschossen* [...] *Außerordentlich matt in* [den] *Beinen. Ein Sperling geschossen.*" oder vom 21. Juni: „*längster Tag!! trüb.* [Sonne] *nicht aufgehen sehen. 3 Sperlinge vor halb 6 geschossen. Sehr matt. Brittische Annalen 9ter Band angefangen. Bis 10 Uhr 7 Sperlinge geschossen, zusammen 8. Um 10 Uhr Sonnenschein, windig und warm*".[32]

Es scheint, dass ihm die Vernichtung der Spatzen, aus welchem Grund auch immer, ein spezielles Anliegen war, denn in seinen *Sudelbüchern* finden sich Einträge, wie „*Branntewein aus Sperlingen brennen, würde sie bald zerstören*", die sich schwerlich anders interpretieren lassen. Es wurde gelegentlich die Ansicht geäußert, dass dieser Eintrag antisemitisch gemeint sei, aber da Lichtenberg hier wirklich nur von Vögeln spricht, ist das reine Spekulation. Anders ist es hingegen mit Passagen wie dieser: „*Zu meiner Vergleichung der Juden mit den Sperlingen könnte auch noch hinzu getan werden das entsetzliche Getöse wenn man ihnen die Jungen raubt, das gar keine Zärtlichkeit verrät, sondern eine Art von Börsen-Geschrei. Das Volk Gottes hat nie etwas getaugt, sondern ist allezeit ein infames Volk gewesen*“, die nun wirklich keinen Zweifel an Lichtenbergs Auffassung lässt. Seltsamerweise sind die Spatzen- und Judennotizen des großen deutschen Physikers in kaum einer der zahlreich veröffentlichten Auswahleditionen seiner *Sudelbücher* zu finden. Als gutwilliger Leser geht man aber selbstverständlich davon aus, dass die Herausgeber diese Passagen lediglich für zu unbedeutend hielten, um sie in ihre Editionen aufzunehmen und nicht etwa weggelassen haben, weil sie ihnen inhaltlich zu brisant erschienen und womöglich einen Schatten auf den guten Ruf Lichtenbergs werfen könnten.

Aber kehren wir doch noch einmal zu den Nationalsozialisten zurück, denn angesichts der so vielbeschriebenen Schlechtigkeit der Spatzen wäre es doch sehr verwunderlich, wenn sich nicht auch Vergleiche zwischen den Vögeln und den Nazis fänden. Allerdings sind diese wesentlich subtiler und äußern sich eher in versteckten Anspielungen, wie etwa bei Hans Fallada.

Der Greifswalder Schriftsteller hatte sich Anfang der 1930er-Jahre mit mehreren sozialkritischen Romanen einen literarischen Ruf erworben, verfasste während der NS-Zeit aber eher politisch unverfängliche Literatur. So heißt es jedenfalls. Eines dieser unpolitischen Werke ist das 1935 erschienene *Märchen vom Stadtschreiber, der aufs Land flog*, das als *„leichte Unterhaltungsliteratur"* und *„trauriger Beleg für* [Falladas] *Reaktion auf die Einschüchterung durch die NS-Behörden" gilt.*[33]

Auf den ersten Blick ist der *Stadtschreiber* ein Märchen über einen jungen Mann namens Guntram, der durch einen Zauber mit einem bösen und arglistigen Spatzen den Körper tauscht und im Federkleid des Sperlings auf der Suche nach Liebe und Glück allerlei Abenteuer mit Hexen, Zauberern und Bösewichten bestehen muss. Die Handlung verläuft auch typisch märchenhaft, bis sich in der Mitte des Buches plötzlich der echte Spatz (der „**S**tadt**S**patz") mit einem bemerkenswerten Monolog über das Volk der Spatzen zu Wort meldet. Es gibt *„kein älteres, berühmteres, mutigeres, klügeres Volk auf Erden* [...] *als das der Spatzen"*, heißt es da, und alle Wesen bis hin zum Menschen haben ihnen dienstbar zu sein, *„so hat es der Große Urspatz bestimmt"*. Spatzen tun und nehmen sich, was sie wollen, *„mit diesem Grundsatz wurden wir das mächtigste Volk der Erde"*. Die Menschen aber haben so rückständige Eigenschaften wie Wahrheitsliebe, Edelmut und Hilfsbereitschaft, die bei den Spatzen längst ausgestorben sind. Außerdem sind die Menschen lächerlich und nackt wie Würmer, während die Spatzen so schöne, braune, warme, lockere Gewänder tragen usw. usf.

Es folgen noch vielerlei Bemerkungen dieser Art, vor allem über die Überlegenheit und Macht des Spatzenvolkes, aber auch über den bösen Asio (lat.: Ohreule), der die Vögel beherrscht und vor dem kein Spatz fliehen kann, weil es „*keinen Fleck auf Erden gab, der vor seinen Häschern verborgen blieb*". Nach einigem Hin und Her kommt es erwartungsgemäß zu einem Machtkampf zwischen Menschen und Spatzen, doch am Ende des Märchens siegt der Mensch. Der unterlegene Sperling beschmutzt Guntram zum Schluss noch einmal die Schulter und fliegt davon, aber der junge Mann nimmt nur lächelnd „*den braunen losen Mantel*", den der Flüchtige zurück gelassen hat und säubert sich damit von dem Unflat.[34]

Ein Schelm, wer Fallada in diesem Märchen politische Anspielungen unterstellen will. Doch mag sich der Leser selbst ein Urteil bilden: Eine unterhaltsame Lektüre wird ihm in jedem Fall gewiss sein.

Nach so vielen Negativbeispielen über die Vereinnahmung des Spatzen durch den Menschen muss nun aber zumindest eine positive Spatzenfigur vorgestellt werden. Auch dieser Vogel hat nicht um seiner selbst willen die Aufmerksamkeit seiner menschlichen Umwelt erregt, sondern lediglich als Sinnbild menschlichen Handelns. Doch war er immerhin ein real existierender Sperling, der es dank seines individuellen Verhaltens zu Ruhm und Ehre in der Welt der Menschen gebracht hat. Die Rede ist von dem schon erwähnten zahmen Spatzen Clarence, der während des Zweiten Weltkrieges bei einer Londoner Witwe namens Clare Kipps lebte.[35]

Im Juli 1940 hatte Mrs. Kipps vor ihrem Haus einen jungen Spatzen gefunden, der sich, vermutlich beim Sturz aus dem Nest, den rechten Flügel und das linke Bein verletzt hatte. Sie päppelte den Vogel auf und da er humpelte und nicht fliegen konnte, behielt sie ihn bei sich. Fast zur gleichen Zeit begannen die Luftangriffe der Deutschen auf London und Mrs. Kipps, die als Luftschutzwärterin arbeitete, nahm den Spatzen in seinem Käfig mit auf ihre Dienstrundgänge.

In ihrer Freizeit brachte sie dem Vogel allerlei Tricks bei, um damit während der langen Nächte die inzwischen ziemlich demoralisierten Menschen in den Bunkern zu unterhalten. Und schon bald erfreute sich das mittlerweile auf den Namen Clarence getaufte Tier unter den Londonern großer Beliebtheit, weil es Kartentricks vorführte, mit Streichhölzern jonglierte und andere Vorstellungen darbot. Beim jüngeren Publikum rief vor allem sein „Air-Raid-Shelter-Trick" große Begeisterung hervor: Mrs. Kipps bildete mit ihren Händen eine offene Höhle und sobald sie ausrief „Fliegeralarm!", lief Clarence in diesen improvisierten

Bunker und verharrte dort minutenlang mucksmäuschenstill, bis Entwarnung gegeben wurde.
In kürzester Zeit wurde der Vogel weit über die Grenzen Londons hinaus populär. Die englische Presse berichtete über ihn und stilisierte ihn zum Symbol für den englischen Durchhaltewillen. Man ließ Postkarten mit seinem Bild drucken zur Unterstützung des Roten Kreuzes. Der Spatz Clarence wurde zum englischen Helden.

Der eigentliche Grund für seinen Heldenruhm aber war seine Hitlerparodie, die er bei jeder Gelegenheit aufführte. Dazu kletterte der Spatz zunächst auf eine Konservenbüchse. Dann streckte er seinen rechten kaputten Flügel wie zum Hitlergruß in die Höhe und begann leise zu tschilpen, wurde mit der Zeit jedoch immer lauter und kreischte schließlich wie hysterisch, bis er völlig erschöpft von der Dose fiel. Das Publikum tobte jedes Mal vor Begeisterung und beschenkte den Vogel reichlich mit Leckereien, weshalb dieser im Laufe der Zeit ordentlich kräftig wurde.
Im Frühjahr 1941 verlor Clarence ganz plötzlich das Interesse an der Schauspielerei und stellte seine Vorstellungen ein. Die Londoner nahmen ihm das aber nicht übel und kurze Zeit später endeten auch die deutschen Luftangriffe. Der Spatz blieb bis zu seinem Lebensende als „ziviler Kriegsheld" eine englische Berühmtheit. Nach seinem Ableben im Jahre

1952 schrieb Mrs. Kipps dann ein Buch über das Leben des Vogels, das ein Bestseller wurde und in zahlreichen Auflagen erschien.
Clarence wurde übrigens 12 Jahre alt, was ein sehr beträchtliches Alter für einen Spatzen ist. Der wildlebende Haussperling erreicht durchschnittlich nicht einmal das dritte Lebensjahr – ohne Berücksichtigung der Jungvögel, denn bezieht man auch die hohe Sterblichkeit der kleinen Spatzen mit ein, so liegt das Durchschnittsalter nur noch bei 9 Monaten.

Kamikazeflieger

Bei seinem Spatzvolk! – Hör er nun,
Was all' ich mit ihm könnte tun.
Zerzupfen, rupfen, Hals umdrehn –
Da wird nicht Hund noch Hahn nach krähn.
Gottfried August Bürger

Der Philosoph Ralph Waldo Emerson, der sich selbst in seinem Buch *Nature* als großen Naturliebhaber bezeichnete, vertrat in dem gleichen Werk eine ganz klare Vorstellung über die grundsätzliche Bedeutung der Natur, die er immer wieder als so großartig, komplex und wunderbar schilderte. „*Die Natur*", schrieb er, „*ist durch und durch mittlerhaft. Sie ist geschaffen, um zu dienen. Sie erträgt die Herrschaft des Menschen ebenso sanftmütig wie der Esel, auf dem der Heiland ritt.*“[36] Mag sein, dass er seine These vielleicht etwas anders formuliert hätte, wenn er in heutiger Zeit leben würde. Aber sein Kerngedanke, dass die Natur dem Menschen dienlich zu sein hat (und nicht etwa der Mensch der Natur), wird heute als so selbstverständlich angesehen, dass den meisten Menschen eine Hinterfragung dieser Annahme vollkommen absurd erscheint.

Emerson zufolge gewinnt die Natur überhaupt erst dadurch eine Bedeutung, dass wir Menschen sie wahrnehmen: „*Alle Tatsachen in der Naturgeschichte sind, für sich betrachtet, wertlos und unfruchtbar* [...]. *Aber vermähle sie mit der menschlichen Geschichte, und sie sind voller Leben.*“[37] Folgt man dieser Anschauung, so erhält natürlich auch das Leben der Spatzen erst dann einen Sinn, wenn sie Bestandteil unseres menschlichen Denkens und Wirkens werden. Und demnach kann die religiöse oder politische Instrumentalisierung der Vögel wohl nur positiv für sie sein.

Genau genommen haben die bisherigen Beispiele der religiösen und politischen Vereinnahmung des Spatzen im Wesentlichen symbolischen Charakter gehabt. Die Instrumentalisierung der Vögel fand allegorisch statt und die Vögel selbst wurden, sieht man von den religiösen Opferungen und der grausamen Rupfung des teuflischen Sperlings durch Dominikus ab, im Großen und Ganzen nicht in Mitleidenschaft gezogen. Den

Vögeln konnte der ganze humanmediale Rummel letztlich also piepegal sein und da ihr Leben durch die Einbindung in unsere menschliche Geschichte angeblich überhaupt erst eine Bedeutung erlangte, profitierten sie ja theoretisch sogar noch irgendwie davon – zumindest solange man die real existierenden Spatzen in Ruhe ließ.
Das tat man aber nicht immer und im maoistischen China ging die politische Instrumentalisierung des Spatzen sogar sehr, sehr weit über eine einfache sinnbildliche Vereinnahmung hinaus.

Mao Zedong initiierte während seiner Regierungszeit zahlreiche Kampagnen, die einerseits die wirtschaftliche und kulturelle Entwicklung des kommunistischen Landes fördern sollten, andererseits aber auch politischen Symbolcharakter hatten. Zu diesen Kampagnen gehörte auch die sogenannte *Ausrottung der vier Plagen*, die 1958 auf einer Sitzung des Parteikongresses ausgerufen wurde. Offizielles Ziel der Kampagne war die Vernichtung aller Fliegen, Mücken, Ratten und Spatzen, um dadurch die landwirtschaftliche Produktivität zu steigern. Die Ausrottung des sogenannten Ungeziefers symbolisierte aber gleichzeitig auch die Zerstörung aller Feinde des Kommunismus: Und jeder Chinese ab dem fünften Lebensjahr wurde verpflichtet, sich an ihrer Vernichtung zu beteiligen.
Da sie am leichtesten zu bekämpfen waren, konzen-

trierte man sich vor allem auf die Tötung der Sperlinge. Innerhalb weniger Tage wurden Millionen von Kindern und Erwachsenen mobilisiert, die sich an den Schlafplätzen der Vögel aufstellten und dort stundenlang mit Töpfen, Gongs und allen greifbaren lärmenden Gerätschaften die Sperlinge aufscheuchten, bis diese vor Erschöpfung tot vom Himmel fielen. Es ist schwer zu sagen, wie viele Vögel auf diese Weise zu Tode gehetzt wurden, auf alle Fälle müssen es etliche Millionen gewesen sein. Die Chinesen erfüllten ihre Aufgabe jedenfalls mit äußerster Gründlichkeit, denn es gelang ihnen, die Sperlinge im Land innerhalb kürzester Zeit fast vollständig auszurotten. Die Folgen für die Landwirtschaft waren allerdings gänzlich anders als erwartet, denn das Fehlen der Vögel zog eine verheerende Insektenplage und damit massive Ernteausfälle nach sich. Konsequenterweise kam es daraufhin zu einer schwerwiegenden Hungersnot, die drei Jahre andauerte und unzählige Chinesen das Leben kostete. Heute gilt das Scheitern der Ausrottungskampagne als eine der größten Niederlagen Maos und sie kann wohl ohne Zweifel als politische Niederlage bezeichnet werden.

Um die anschließende Insektenplage in den Griff zu bekommen, wurden in den 1960er Jahren verschiedene Maßnahmen ergriffen. Insbesondere setzte man nun vermehrt Pestizide ein, was einer Stabilisierung des öko-

Beschreibung und Abbildung
Der neuerfundenen
Sperlings=Falle/
Wodurch diese schädliche und listige Vögel gantz leicht in grosser Menge zu fangen/ und diejenigen/ welche so wohl in Städten als auff dem Lande mit selbigen geplagt sind/ in kurtzen davon befreyet werden können.

Hamburg/ gedruckt bey seel. Thom. von Wierings Erben/ im güldnen A/B/C. [illegible]

Innovation aus dem Jahre 1712: Eine Lebendfalle für Sperlinge

logischen Gleichgewichts nicht eben zuträglich war. Im Gegenteil führte der Einsatz zu einem flächendeckenden Sterben der Insekten und auch der Honigbienen. Die Wirkung der Chemikalien war so verheerend, dass die Bienen in einigen chinesischen Provinzen vollständig ausgestorben sind, weshalb die Bestäubung der Obstbaumblüten in diesen Regionen von den einheimischen Bauern heutzutage per Hand durchgeführt wird: Blüte für Blüte wird akribisch mit Wattestäbchen betupft. Aber, um gerecht zu bleiben, es wurde auch eine

Maßnahme mit nachhaltigerem Charakter eingeleitet. Da die Bestände der chinesischen Spatzen dank der „Säuberungsaktion" derartig dezimiert waren, dass eine natürliche Regeneration kaum zu erwarten war, führte man in den 1960er-Jahren in großem Maßstab Sperlinge aus der Sowjetunion ein. Unter gewaltigem Aufwand wurden die Vögel aus dem Bruderland in verschiedenen Gegenden Chinas angesiedelt und in einigen Regionen haben sich inzwischen auch wieder stabile Populationen gebildet.

Ortswechsel. Zu Beginn des 20. Jahrhunderts war der Berliner Stadtteil Pankow der Inbegriff des ruhigen und beschaulichen Wohnens am Rande einer Großstadt. Dort war es grün und ruhig und das Zwitschern der Vögel machte die pseudoländliche Idylle perfekt. Allerdings nicht in der Florastraße. Dort hatte sich eine Spatzenschar zwei benachbarte Bäume als Ruheplätze auserwählt und die Bewohner des nächststehenden Hauses waren über deren Getschilpe dermaßen erbost, dass sie den Hausbesitzer auf Schadensersatz für entgangene Ruhe, auf Entschädigung für Arbeitsstörung und auf Rückerstattung von Mietzahlungen verklagten.
Der Vermieter hatte durchaus Verständnis für die Klagen der Bewohner und forderte nun seinerseits das Bezirksamt auf, die Bäume fällen zu lassen. Das Amt wies die Forderung aber ab, weshalb der Haus-

besitzer nun das Bezirksamt verklagte. Inzwischen hatte jedoch einer der Mieter die Geduld verloren und versucht, eigenhändig die Bäume zu fällen, wofür er wiederum vom Bezirksamt verklagt wurde. Der Mieter wurde verurteilt, was ihn dazu veranlasste nun seinerseits einen neuen Prozess gegen den Hausbesitzer anzustreben.[38]

Wer am Ende welche Strafe erhalten hat und wofür, sei an dieser Stelle dahingestellt. Die Spatzen, so lässt sich vermuten, haben sich irgendwann ein anderes Ruheplätzchen gesucht und die ganze Geschichte ist in erster Linie ein Musterbeispiel für das auch heute noch so häufig anzutreffende Ausufern kleinlicher Rechtsstreitigkeiten. Die Vögel spielten hier zwar eine entscheidende Rolle, da sie ja Ursache des ganzen Theaters waren, aber das Zivilrecht schloss eine Anklage der Spatzen selbst aus: Das am 1. Januar 1900 erstmals in Kraft getretene Bürgerliche Gesetzbuch behandelte Tiere formal als leblose Gegenstände, was ihnen jegliche Rechtsfähigkeit absprach.

Die Einstufung der Tiere als leblose Sachen ist für uns heute, mehr als 100 Jahre später, natürlich kaum mehr vorstellbar. Unsere zivilisatorisch inzwischen deutlich fortgeschrittene Gesellschaft hat die Gesetze für die Tiere klar verbessert. Im BGB und seinen Kommentierungen ist nun ausdrücklich verankert, dass Tiere keine Sachen seien, sondern zivil- und strafrechtlich nicht **als** Sachen, sondern **wie** Sachen behandelt werden müssen. Der Fortschritt ist also unübersehbar.

In früheren Jahrhunderten hatten Tiere selbstverständlich auch keine rechtlichen Ansprüche, doch kam es immer wieder vor, dass sie juristisch zur Verantwortung gezogen wurden. Man gestand ihnen weder einen Verstand noch menschenähnliche Handlungsfähigkeit zu, aber wenn ihr Verhalten menschlichem Recht und Gesetz widersprach, verzichtete homo sapiens gerne auf kleinliche Überlegungen und fällte so manches tierische Todesurteil.[39] Kein Tier war vor einer menschlichen Strafe sicher: Pferde, Hunde, Käfer, Würmer, Bienen oder Hühner wurden, meist wegen „Vergehen" gegen Menschen, zum Tode verurteilt und hingerichtet. Sie wurden gehenkt, gerädert, gevierteilt, enthauptet oder verbrannt – und natürlich öffentlich, damit auch das gemeine Volk auf seine Kosten kam.

Meist kam es zu Verurteilungen, weil Menschen von Tieren verletzt oder getötet wurden, wie beispielsweise 1574 in Frankfurt am Main, wo ein Kind in der Wiege von einem Schwein getötet worden war, was für den verbrecherischen Vierbeiner eine öffentliche Hinrichtung nach sich zog. Gerne wurden die Tiere auch vermenschlicht, um den Verurteilungen mehr Rechtmäßigkeit zu verleihen und so zeigte einst ein Fresko in der Kirche Sainte-Trinité im französischen Falaise ein verurteiltes Schwein in Menschenkleidung

– das Bild fiel im 19. Jahrhundert allerdings einem Brand zum Opfer. Schwierig wurde die Vollstreckung der Strafen jedoch, wenn ganze Tierschwärme verurteilt worden waren, wie etwa Heuschrecken oder Maikäfer. Aber da wir Menschen uns durch große Kreativität auszeichnen, fanden sich auch in solchen problematischen Fällen immer Lösungen. Als in einem kleinen Dorf in Kroatien 1866 ein Heuschreckenschwarm bestraft werden sollte, fingen die dortigen Bauern ein Exemplar ein und ertränkten es symbolisch für den gesamten Schwarm im nahe gelegenen Bach. Ob sich die übrigen Heuschrecken daraufhin zurückzogen, ist leider nicht überliefert.
Häufiger griff man in derartigen Fällen aber auf einen ganz banalen Trick zurück: Man zog den Fall einfach in die Länge, beispielsweise durch mehrmalige Vorladungen der Beschuldigten, die diesen juristischen Forderungen überraschenderweise nie nachkamen. Nach geraumer Zeit erledigte sich der Fall, den natürlichen Gesetzmäßigkeiten folgend, dann von selbst.
Doch der Mensch ist nicht immer grausam, sondern manchmal auch milde in seinem Urteil und so wurde manchem Tier eine weniger schwere Strafe auferlegt. Im 18. Jahrhundert ist in Russland beispielsweise ein stößiger Bock nicht zum Tode, sondern nur zur Verbannung nach Sibirien verurteilt worden – sicherlich war er dem gutherzigen Richter bis an sein Lebensende dafür dankbar.

Die meisten Urteile wurden über Schweine, Pferde oder Insekten gesprochen. Spatzen blieben zwar von Verfolgungen nicht verschont, wie sich später noch zeigen wird, doch ist keine ordentliche juristische Urteilssprechung über einzelne Exemplare dieser Spezies bekannt. Dagegen finden sich im antiken Griechenland überraschenderweise zwei Beispiele dafür, dass Menschen für Grausamkeiten an Spatzen mit äußerster Härte bestraft wurden. In Athen war einem Angehörigen des Hohen Rates ein Sperling auf der Flucht vor einem Sperber in den Schoß geflogen und wurde dort, weshalb auch immer, von dem Mann zerquetscht. Das Ratsmitglied wurde für seine Tat gnadenlos zum Tode verurteilt. Und das gleiche Los ereilte einen Jungen, der seinem zahmen Spatzen die Augen ausgestochen hatte.
Voltaire, den diese beiden Beispiele antiker Rechtsauslegung offenbar sehr beschäftigten und der sich ebenso wie sein Landsmann Montesquieu schriftlich darüber äußerte, konnte sich die harten Strafen nur so erklären, dass sie nicht als Verurteilungen von Verbrechen, sondern als Urteile nach damaligen Sitten gedacht waren.[40] Fürwahr scheinen hier die Verhältnismäßigkeiten gewaltig außer Kontrolle geraten zu sein. Man kommt bei diesen Überlieferungen aber nicht umhin zu bezweifeln, dass es, zumindest im Falle der Verurteilung des Mannes, wirklich um die Bestrafung eines Sperlingsmordes ging. Vielmehr regt

sich der Verdacht, dass der Hohe Rat möglicherweise nur eine fadenscheinige Begründung suchte, um ein unbequemes Mitglied der eigenen Reihen aus dem Weg zu räumen. Doch zweieinhalb Jahrtausende nach der Tat lässt sich viel spekulieren.

4. Kunstflüge

Der Sperling gleicht dem Menschen, an sich ist er ohne Wert, aber er trägt die Möglichkeit zu allem Großen in sich.
Theodor Storm

Glücklicherweise besteht die menschliche Welt nicht nur aus religiösen Dogmen und politischen Ränken, in deren Wirrnisse unser armer kleiner Vogel immer wieder unfreiwillig hineingezogen wurde. Und so wollen wir uns nun einem Feld menschlicher Aktivitäten widmen, das auch einige andere Darstellungen des Spatzen zu bieten hat. Die Rede ist natürlich von den Schönen Künsten, denen wir Menschen uns fast ebenso gerne und hingebungsvoll widmen wie den politischen und religiösen Machenschaften. In der Kunst ist das Bild des Spatzen manchmal etwas gemäßigter und in einigen wenigen Fällen sogar nahezu positiv. Ein entscheidender Unterschied zu den bisherigen Schilderungen besteht darin, dass der Vogel dort nicht mehr nur als Abbild des Menschen gesehen wird. Allerdings variiert der Blickwinkel auf das Tier naturgemäß innerhalb der Künste. In der Literatur ist die menschliche Allegorie selbstverständlich maßgebend, denn literarische Tierbilder werden fast immer in Bezug zum Menschen entworfen – und das gilt nicht nur für Märchen oder Fabeln. Dagegen sind die

Darstellungen in der Malerei manchmal tatsächlich primär auf das Tier selbst ausgerichtet und eine Zeichnung von einem Vogel auf einem Ast will bisweilen wahrhaftig nichts anderes sein als eben ein Bild von einem Vogel auf einem Ast. Aber das sind seltene Ausnahmen, die von den Experten auch meist in der untersten Schublade ihrer Expertiseschränkchen mit der Aufschrift „unbedeutende pseudoromantische Laienkunst" verwahrt werden. Nichtsdestotrotz sind letztlich natürlich alle künstlerischen Abbilder individuelle Interpretationen der Natur nach menschlichem Geschmack und Willen. Und meistens sind sie auch willkürliche Umformungen des Realen, die den Wünschen und Vorstellungen des Künstlers und dem zeitgenössischen Schönheitsgeschmack angeglichen werden. Denn ein Vogel als solcher ist zwar ganz hübsch, lässt sich aus menschlichem Blickwinkel in seinem Erscheinungsbild aber eindeutig verbessern.
Wie man sich unschwer vorstellen kann, spielt der Spatz in den Bildenden Künsten keine großartige Rolle, aber hin und wieder hat sich doch ein Künstler des Vogels angenommen. Beliebt waren, wie nicht anders zu erwarten, bildliche Darstellungen von Catulls Lesbia mit ihrem Sperling. Vor allem zu Beginn des 20. Jahrhunderts erfreute sich dieses Motiv größerer Beliebtheit und wurde beispielsweise von Sir Lawrence Alma-Tadema (1900) und auch Sir Edward John Poynter (1907) in Öl verewigt.

Interessanterweise war dies aber keineswegs das beliebteste bildnerische Spatzenthema, sondern viel wichtiger war den Künstlern offenbar ein anderes Motiv: Die Darstellung von toten Sperlingen. Gefallene, gejagte, verunglückte, verendete oder auf irgendeine andere Weise zu Tode gekommene Spatzen erfreuten sich bei manchem großen Meister eines speziellen Interesses. Und so finden sie sich bei Albrecht Dürer ebenso wie bei Franz Marc oder Vincent van Gogh. Was die Künstler dazu getrieben hat, lässt sich kaum einschätzen. Vermutlich war es lediglich die reine Lust am Zeichnen und vielleicht ein gewisser Hang zu Morbidität, die van Gogh zu einer Kreidestudie über drei Spatzen in verschiedenen Postionen eines Todeskampfes veranlasst hat. Die Bilder von Dürer und Marc hingegen zeigen friedlich verendete Vögel und lassen sich wohl als Allegorien auf die Vergänglichkeit allen Lebens verstehen.

Man ist jetzt versucht zu glauben, dass die meisten Künstler nur tote oder erotisierende Spatzen dargestellt haben, aber das ist selbstredend nicht der Fall. Es gibt auch ganz einfache, arglose oder auch witzige Bilder: Spatzen auf Zweigen, Bäumen oder Kuhtränken, fliegende, fressende und zankende Spatzen oder Stillleben mit lebenden (!) Sperlingen neben Obstschalen – letztere sind aber eher selten, denn Stillleben mit toten Vögeln erfreuten sich eindeutig größerer Beliebt-

Toter Spatz von Franz Marc (1905)

heit. Auch Pablo Picasso hat eine Sperlingszeichnung hinterlassen, die er in jungen Jahren, während seiner Rosa Periode, anfertigte. Allerdings handelt es sich um eine äußerst schlichte Darstellung, genau genommen nur um eine einzige Linie, die sehr schematisch einen etwas frech wirkenden Spatzen umreißt. Es ist schwer zu sagen, wie lange er für die Anfertigung dieser „Zeichnung" benötigt haben mag: Grob geschätzt vermutlich zwischen 2 und 5 Sekunden. Man kann also schlussfolgern, dass der kleine Vogel nicht zu seinen wichtigsten Bildmotiven zählte.

Wesentlich mehr Zeit hat dagegen Joan Miró in seine Lithographie *Frecher Spatz* investiert, wie die deutlich komplexere Ausführung des Bildes erkennen lässt. Anders als Picasso fertigte Miró sein Kunstwerk im hohen Altern von 85 Jahren an, was möglicherweise ein Grund für die größere Sorgfalt sein kann. Denn mit zunehmendem Alter pflegt der Mensch sich ja ausgiebiger den kleinen und unbedeutenden Dingen im Leben zu widmen als in der unruhigen Jugend.

Wenn man den Spatzenbildern von Picasso, Miró und so manchem anderen Künstler zwar nicht unbedingt einen tieferen Sinn unterstellen kann, so heißt das aber nicht, dass es nicht auch künstlerische Werke mit einer gewissen metaphorischen Bedeutung gab. Zugegeben, es sind ihrer nicht gerade viele, doch zu nennen wäre auf jeden Fall eine Darstellung, die sich in Cesare Ripas *Iconologia* aus dem 17. Jahrhundert findet. Die *Iconologia* ist ein ikonographisches Wörterbuch, das der italienische Koch Ripa während seiner Freizeit verfasst und in dem er diversen abstrakten Begriffen allegorische Figuren und Bilder zugewiesen hat. Zu dem Begriff *Melancholie* findet sich dort die bildliche Darstellung eines Mannes, der in der linken Hand als Hinweis auf sein Interesse für die Wissenschaften ein Buch hält und in der rechten einen geschlossenen Beutel, der sein verschlossenes Wesen symbolisiert. Außerdem ist ihm der Mund verbunden um seine Schweigsamkeit deutlich zu machen. Als viertes Symbol aber, um nun zum wesentlichen Punkt zu kommen, sitzt auf seinem Kopf ein Spatz. Ripas Erläuterungen zufolge steht der kleine Vogel für die Einsamkeit des Melancholikers und das ist fürwahr eine wirklich bemerkenswerte und bislang völlig neue Allegorie für unseren Spatzen. Das gesellige und immer in Gruppen anzutreffende Vögelchen zum Sinnbild für das Alleinsein zu erklären, ist zweifelsohne originell.

Allegorische Bedeutung haben ganz sicher auch die verschiedenen Darstellungen von Madonnen mit Jesuskind und Spatz, die sich in der christlich geprägten Kunst finden. Wie der Spatz in diesen Kunstwerken zu interpretieren ist, wusste bisher aber noch niemand sinnvoll zu erklären. Zunächst wäre da, um auf die soeben erwähnte Symbolik zurück zu kommen, der Spatz als Zeichen für Einsamkeit. Doch leider hat das überhaupt keinen Sinn: Weshalb sollten Maria und das Jesuskind mit einem Symbol der Einsamkeit ausgestattet werden? Viel sinnreicher wäre hingegen, in dem Vogel einen Hinweis auf die Legende von der Sperlingsschöpfung durch den kleinen Jesus zu sehen. So gibt es zum Beispiel die sogenannte *Madonna mit dem Spatz* aus Glatz (Kłodzko), eine Skulptur aus dem 14. Jahrhundert, die Maria mit dem Jesuskind auf dem Arm zeigt, auf dessen linkem Bein ein Spatz sitzt. Der Bezug zu dem Knaben ist dort offensichtlich und die Schöpfungslegende wäre eine nahelie-

Der Spatz als Symbol für die Einsamkeit des Melancholikers bei Cesare Ripa, 1611

gende Erklärung für den Vogel. Auch ein Bild von Dürer mit dem Titel *Die heilige Familie* ließe sich so erklären. Dort hält der kleine Jesus den Sperling allerdings ziemlich grob am Flügel fest und für den Betrachter ist nicht eindeutig zu erkennen, ob das Tier durch diesen Griff nicht nachhaltige Schäden oder sogar den Tod davongetragen hat. Dass Jesus dem Vogel Leben schenkt, ist jedenfalls nicht erkennbar. Zu Beginn dieses Kapitels fand ein Aquarell eines toten Sperlings von Dürer Erwähnung: Ob der Meister wohl ein gespaltenes Verhältnis zu Spatzen hatte?

Es gäbe aber noch eine dritte mögliche Erklärung für die ungewöhnlichen Madonnenbilder. Man wagt es kaum laut zu denken, aber vielleicht sind die Vögel ja heimliche Anspielungen auf das antike Spatzenbild und insbesondere auf Catulls Lesbiagedichte? Vermutlich gilt das nicht für alle Madonnen-Spatzen-Bilder und womöglich haben einige, wie beispielsweise die eben genannten, tatsächlich einen rein biblischen Hintergrund. Doch gibt es auch Darstellungen, die etwas seltsam anmuten, wie etwa das Gemälde *La Madonna del Passero* des italienischen Barockmalers Giovanni Francesco Barbieri. Auf Barbieris Bild scheint Maria einen viel größeren Bezug zu dem Vogel zu haben, als das Jesuskind. Zwar hält der Knabe mit der Hand einen Faden, der am Fuß des Sperlings festgebunden ist, damit dieser nicht davonfliegen kann, doch zeigt der Vogel selbst kein besonderes Interesse an dem Kind. Auch wirkt er weder ängstlich noch sind Ambitionen zur Flucht erkennbar, im Gegenteil: Nicht nur, dass er ganz zutraulich auf Marias Finger sitzt, die junge Frau und der Vogel blicken sich außer-

Ob der Spatz über die Zuwendung des kleinen Jesus wohl erfreut war?
Albrecht Dürer: Die heilige Familie (um 1494)

dem tief in die Augen. Man hat unwillkürlich den Eindruck, dass zwischen Maria und dem Sperling eine eigenartige und sehr vertraute Nähe besteht und es beschleicht einen das Gefühl, beim Betrachten des Bildes eine intime Situation zu beobachten, die der Außenwelt eigentlich verborgen bleiben sollte.

Beflügelte Worte

Die Bremse auf der Blüte
Friss sie nicht!
Freund Spatz
Bashô

Es ist kaum verwunderlich, dass der große japanische Dichter Bashô (1644-1694) den kleinen Spatzen zum Protagonisten eines seiner Haikus gemacht hat, schließlich hat er mit Vorliebe über Tiere und Pflanzen gedichtet. Seine offensichtliche Sorge um Freund Spatz, dem der Genuss der Bremse sicherlich nicht gut bekommen würde, ist rührend. Nun liegt eine Besonderheit von Haikus in ihrer Kürze, die nicht nur eindringlich ist, sondern auch viel Spielraum für tiefgründige Interpretationen lässt. Weshalb sich die Frage stellt, was sich der Dichter beim Verfassen des Verses noch so gedacht haben mag. Wirft er dem

Spatzen nicht zwischen den Zeilen vor, dumm und gierig zu sein? Oder ist der Haiku gar allegorisch gemeint und soll die Menschen davor warnen, sich wie die unersättlichen Vögel zu verhalten? Ist Bashôs Bild vom Spatzen nun positiv oder negativ?
Offenbar ist das nur schwer zu entscheiden und vielleicht sollte man seine Position gegenüber dem Vogel einfach als wohlwollend bezeichnen. Wie auch immer, jedenfalls fand der Dichter den Spatzen interessant genug, ihm ein eigenes Gedicht zu widmen und tatsächlich gibt es kaum einen großen Schriftsteller, der nicht irgendwie über diesen kleinen grauen Vogel geschrieben hat.
Anscheinend konnte bzw. wollte fast niemand auf ihn verzichten. Ob Goethe, Schiller, Lessing, Fontane, Chaucer, Shakespeare, Proust oder Turgenjew – alle maßen sie dem Spatzen mehr oder weniger Bedeutung bei und erlaubten dem Vögelchen zumindest kleinere Auftritte in ihren Werken. Beliebt waren natürlich biblische Bezüge, erotische Anspielungen, banale Koseworte oder Bilder von lärmenden Spatzen auf dampfenden Pferdemisthaufen, die gerne als dekorative literarische Verzierungen zur Untermalung ländlicher Idyllen herangezogen wurden. Manchmal erhielten die kleinen Vögel auch Haupt- oder zumindest wichtige Nebenrollen auf den Schauplätzen der Weltliteratur – dann allerdings, und das ist wenig überraschend, fast immer als Symbole negativer Eigenschaften.

Da gibt es zum Beispiel das Gedicht *Spatzen und Schwalben* von Wilhelm Busch, in dem er die Anekdote von den faulen Sperlingen zum Besten gab, die in ihrer Dreistigkeit ein gerade fertig gestelltes Nest der Schwalben beziehen:

Spatz und Schwalben

Es grünte allenthalben.
Der Frühling wurde wach.
Bald flogen auch die Schwalben
Hell zwitschernd um das Dach.

Sie sangen unermüdlich
Und bauten außerdem
Am Giebel rund und niedlich
Ihr Nest aus feuchtem Lehm.

Und als sie eine Woche
Sich redlich abgequält,
Hat nur am Eingangsloche
Ein Stückchen noch gefehlt.
Da nahm der Spatz, der Schlingel,
Die Wohnung in Besitz.
Jetzt hängt ein Strohgeklüngel
Hervor aus ihrem Schlitz.

Nicht schön ist dies Gebahren
Und wenig ehrenwert
Von einem, der seit Jahren
Mit Menschen viel verkehrt.

Auch sein Zeitgenosse Julius Rodenberg wusste nichts Gutes über den Spatzen zu sagen, ließ zwischen den Zeilen aber ein leises Mitleid mit dem armen Tier anklingen: „*Ich bin wohl ein gemeiner Wicht; / Das Singen gar versteh` ich nicht; / In schönen Kleidern geh` ich nicht. / Es sieht mich auch kein Mensch nicht an; / Nur böse Buben dann und wann, / Die werfen mich mit Steinen.*“[41]

Recht originell ist dagegen ein Gedicht von Karl Mayer (1786-1870), der Spatz und Spätzin eine klassische patriarchale Rollenverteilung unterjubelte:

Spricht der Spatz: „Das Nesterbau`n,
Eierbrüten, Junge füttern
Und dem Mann den Kopf zu krau`n -
Liegt den Weibern ob und Müttern.“

Spricht die Spätzin: „Du Barbar!
Soll ich bei der Arbeit schwitzen,
Und du willst nur immerdar
Zwitschern und herumstibitzen?“

Spricht der Spatz: „Ich will dich hier
Mit zwei Worten kurz berichten:
Für den Spatz ist das Pläsier,
Für die Spätzin sind die Pflichten!“[42]

Als besonders bemerkenswert muss jedoch das Poem *Rotkehlchens Liebseelchens Tod und Begräbnis* von Clemens Brentano hervor gehoben werden – ein wirklich herzerweichendes Klagelied:
„*Auf dem Zaun vor nicht gar lang / Rotkehlchen Liebseelchen / Fromm sein Morgenliedchen sang, / Köpfchen dreht und Schwänzchen schwang, / Lustig hin und wieder sprang / Rotkehlchen Liebseelchen. / Und der Hirte streut ihm Brot / bis der Brotneid es macht tot.*“, klagt der Dichter. „*Sag, wer hat denn umgebracht / Rotkehlchen Liebseelchen?*“[43]
Und die Antwort ist so erschütternd, dass man es kaum aussprechen möchte: „*Der neid`sche Spatz, wer hätt`s gedacht, der hat Rotkehlchen umgebracht.*“ Der gierige und abgrundtief böse Spatz also war es, der wegen ein paar Brotkrumen das liebenswerte und fromme Rotkehlchen heimtückisch ermordet hat!

Das ganze Tierreich ist zutiefst betroffen und alle zusammen richten sie das Begräbnis aus: Die Mücke, der Fisch, der Käfer, der Rabe und sogar der räuberische Habicht nehmen an der Zeremonie teil und der Hirte, der das verhängnisvolle Brot gestreut hatte, dichtet das Abschiedslied, das da endet mit den Worten: „*und nun,*

Sah so der Mörder vom Rotkehlchen aus? Illustration von Walter Crane zu Grimms Märchen: The Dog and the Sparrow

Rotkehlchen, gute Nacht!" Was bleibt da noch zu sagen? Es ist unmöglich zu ergründen, wie Brentano auf die Idee kommen konnte, aus dem Spatzen einen eiskalten Mörder zu machen. Der graue Vogel mag in den Augen der Menschen ja alles Mögliche an Schlechtigkeiten verkörpern, aber dass er blutrünstig tötet, ist wahrhaft absonderlich.

Nur fünf Jahre nach dem Erscheinen von Brentanos Gedicht veröffentlichte seine Nichte, Gisela von Arnim, ein Märchen mit dem Titel *Aus den Papieren eines Spatzen*, in dem der Vogel nahezu erstmalig in der Literaturgeschichte wirklich positiv dargestellt wurde. Ob die damals 21jährige Autorin das Gedicht ihres Onkels kannte und daher beschlossen hat, einmal eine Lanze für den kleinen Vogel zu brechen und ihn in einem ganz anderen Licht erscheinen zu lassen?
In dem Märchen wird ein junger verwaister Spatz von der Tochter eines gelehrten Mannes aufgezogen. Sie zähmt ihn, bringt ihm das Lesen bei und der Spatz liest sich durch die Bibliothek ihres Vaters, wo er eine spezielle Vorliebe für chemische und astronomische Lektüre entwickelt. Als sich ein armer Student in das Mädchen verliebt, sie aber wegen seiner Armut nicht heiraten kann, hilft der alchemistisch bewanderte Spatz dem jungen Mann Gold herzustellen. Am Ende kommen Student und Mädchen dank der spätzischen Hilfe zusammen und ziehen gemeinsam mit dem gelehrten Vater aufs Land. Der treue Spatz begleitet sie, nistet sich in einer Eiche neben dem Haus ein, wird ein gelehrter Vogel und veröffentlicht viele Bücher. Damit hätte nun die ganze Geschichte ein gutes Ende gefunden, doch interessanterweise beließ die Autorin es nicht dabei, sondern fügte noch eine Kleinigkeit hinzu: Die Jahre vergehen, das junge Paar bekommt Kinder und ist glücklich, aber mit der Zeit

ignorieren die Menschen den Spatzen immer mehr und zuletzt nehmen sie ihn gar nicht mehr wahr. Als der gealterte Vogel schließlich seine Memoiren verfasst, stellt er fest: „*Sie mögen* [...] *wohl schon etwas vergessen haben, was ich ihnen war, und was ich ihnen genützt, denn was dem Menschen an übernatürlichen Dingen begegnet, verschwindet vor seinem wachen Verstande*".[44] Nun, dass der Spatz die Ignoranz der Menschen mit ihrer Scheu vor übernatürlichen Dingen erklärt, ist in jedem Fall sehr wohlwollend von ihm, aber wohl auch ein gesunder Selbstschutz. Denn wie würde der greise Vogel sich fühlen, wenn er plötzlich auf den Gedanken käme, dass die Ignoranz der Menschen nichts anderes als eine tief verwurzelte Geringschätzung gegenüber allem nichtmenschlichen Leben und vornehmlich gegenüber dem Spatzenvolk ist?

Die Personifikation von Tieren ist in der Literatur zweifelsohne eine übliche und legitime Gestaltungsform und findet sich zu allen Zeiten und in zahllosen Variationen. Sie ist ein unterhaltsames sprachliches Mittel, mit dem meist auf humorvolle Art und Weise verschiedenste Wertvorstellungen, vor allem moralischer Art, vermittelt werden. Und sie ist von der Instrumentalisierung der Tierbilder in Politik und Religion zu unterscheiden, obwohl diese durchaus ebenfalls sehr kreativ sein können. Besonders in Märchen und Fabeln sind Tiermotive sehr beliebt und so lassen sich natürlich auch allerlei Spatzenfabeln finden. Zugegeben, unser kleiner Vogel ist kein Falke, Schwan oder Phönix, weshalb er bei den Fabeldichtern nicht übermäßig beliebt war – doch das war er ja nun mal bei niemandem. Immerhin tauchte er schon in der Antike auf, wo er in den Fabeln vom *Sperling als Ratgeber des Hasen* und *Der schadenfrohe Sperling* zu Wort kam. Welche menschlichen Charaktere er dort vertrat, erklärt sich mit dem letztgenannten Titel von selbst. Auch La Fontaine und Lessing genehmigten den kleinen Vögeln in ihren Fabelsammlungen kleine Auftritte und die Brüder Grimm haben in dem Märchen *Der Hund und der Sperling* sogar eine positive Spatzenfigur verewigt, die einem Hund in treuer Freundschaft bis in den Tod zur Seite steht. Alles in allem ließe sich allein mit Spatzenmärchen und -fabeln ein ganzes Buch füllen – was für ein Bild von dem kleinen Vogel dort vermittelt würde, sei allerdings dahingestellt. Apropos: In diesem Zusammenhang muss unbedingt auf den italienischen Autor Italo Svevo hingewiesen werden, denn der hat Letzteres auf literarischer Ebene in gewisser Weise auch getan. In Svevos Erzählung *Ein gelungener Scherz* verlegt sich ein erfolgloser Autor auf das Verfassen von Spatzenfabeln, von denen daher auch die eine oder andere in dem Buch zum Besten gegeben wird. In einer von ihnen heißt es: „*Ein freigebiger Mann hatte viele Jahre lang den Vögeln jeden Tag Brot geschenkt, und er war überzeugt, daß ihr Herz für ihn voll*

Dankbarkeit schlage. Er hatte keine Augen im Kopf, denn sonst hätte er bemerkt, daß die Vöglein ihn für einen Dummkopf hielten, weil sie ihm so viele Jahre lang das Brot hatten stehlen können".[45] Womöglich täuscht das ja, doch irgendwie erinnert die Geschichte an das Ende von Gisela von Arnims Märchen, nur waren dort die Rollen etwas anders verteilt.

Aber, um mal einen anderen Blickwinkel einzunehmen, es gibt in der Literatur selbstverständlich auch Beispiele, in denen die Spatzen nicht primär als Abbilder menschlicher Eigenschaften fungieren sollen, sondern in erster Linie einfach nur Spatzen sind. Was nicht heißt, dass sie nicht trotzdem in den Kontext menschlicher Handlungen einbezogen und so indirekt einer Bewertung unterzogen werden. Eine solche Anekdote findet sich beispielsweise in der *Blechtrommel* von Günter Grass. Dort tritt eine zwiespältige Figur namens Ferdinand Schmuh auf, ein Wirt, in dessen Gaststätte der Held des Romans, Oskar Matzerath, eine Zeit lang als Trommler engagiert ist. Schmuh liebt es, in seiner Freizeit Sperlinge zu schießen: Jeden Tag tötet er zwölf Vögel, doch oft „*kam es* […] *vor, daß Schmuh nach dem Schießen die zwölf geschossenen Spatzen auf einer Zeitung reihte, über den zwölf, manchmal noch lauwarmen, Federbündeln zu Tränen kam und, immer noch weinend, Vogelfutter über die Rheinwiesen* […] *streute*". So weit so gut, die Darstellung ist eindeutig: Der Spatz ist in seinem Dasein so unbedeutend, dass man ihn grundlos töten kann, denn das tut der Wirt, da er die Kadaver der Vögel nicht verwendet. Was er in seiner Gaststätte ja durchaus hätte tun können, zumal die Zeiten schwer und Fleischquellen knapp waren. Dass Schmuh hin und wieder Mitleid mit den toten Vögeln empfindet, ist vor allem Ausdruck seines gespaltenen Charakters, der immer wieder betont wird. Interessant wird es aber, als der Wirt eines Tages nicht zwölf, sondern dreizehn Sperlinge schießt und „*das hätte Schmuh nicht tun sollen*", wie der Ich-Erzähler trocken kommentiert.[46] Denn damit hat er eine unsichtbare Grenze überschritten. Auf der Rückfahrt im Auto fallen plötzlich Hunderte von Sperlingen über den Wagen her, fliegen immer wieder gegen die Windschutzscheibe und verursachen schließlich einen Unfall, bei dem der Wirt zu Tode kommt. Oskar, der nicht im Wagen gesessen hatte, findet später die Zeitung mit den eingewickelten Sperlingen: Zwölf zählt er, den dreizehnten kann er nicht finden.

Die Rache der Sperlinge – was für ein Finale! Doch wie soll man es deuten? Die literaturwissenschaftliche Fachwelt vermochte bisher kein allgemeingültiges Urteil zu fällen, zu nebulös ist das Geschehen. Alle interpretatorischen Wege stehen offen, und so wird den zahlreichen bisherigen Deutungsversuchen an dieser Stelle noch ein weiterer hinzugefügt. Unzweifelhaft ist die Zahl Zwölf von tragender Bedeutung und die weckt sehr starke Erinnerungen an die schon mehrfach erwähnte Anekdote von Jesus, der in kindlichem Eifer zwölf Sperlinge aus Lehm formte. Vielleicht war Grass der Ansicht, dass mit dem Abschuss dieser zwölf zusätzlich erschaffenen und somit überschüssigen Spatzen durch den – übrigens jüdischen – Wirt ein gewisses Gleichgewicht gewahrt wurde, das mit dem dreizehnten Vogel aber verlustig ging? Jedenfalls war das ziellose Töten der Spatzen an sich offenbar kein Problem, nur der Mord an diesem letzten Vogel war nicht richtig.

Zum Abschluss des literarischen Spatzenausflugs soll noch eine weitere Geschichte Erwähnung finden, in der nicht nur der Spatz, sondern die gesamte Avifauna eine bemerkenswerte Rolle spielt. Die Rede ist von Arno Surminskis Novelle *Die Vogelwelt von Auschwitz*, die erst vor wenigen Jahren erschienen ist. Das Buch erzählt von einem Wachmann im Konzentrationslager Auschwitz, der von Beruf eigentlich Ornithologe ist und beschließt, die Vögel im Umfeld des Lagers zu erforschen. Er kann den Lagerkommandanten von der Nützlichkeit seiner Studien überzeugen, weshalb dieser ein Vogelabschussverbot erlässt. Was angesichts der täglichen Morde und Gräuel im Lager an Absurdität kaum zu übertreffen ist. Storch, Pirol und Rotkehlchen werden also vor dem Abschuss geschützt – aber was ist mit den Spatzen? Sie werden im Gegensatz zu den übrigen Vögeln nicht einfach nur als Tiere betrachtet, sondern mit menschlichen Charakterzügen ausgestattet. Surminski schildert sie als dreist und lästig und anders als alle anderen Vögel lassen die Spatzen sich auch von den lauten Erschießungen der Gefangenen nicht erschrecken. *„Sie beherrschten das Lager mit einer Unverschämtheit, als wären sie die eigentlichen Herren. Sie nisteten auf den Dächern, belagerten die Küche und den Abfallhaufen, saßen auf dem Krematoriumschornstein und dem Tor, wenn die Kolonnen zur Arbeit marschierten.*" Und mit dieser Begründung wurden die Spatzen als Einzige von dem Abschussverbot ausgenommen: *„Sie hatten sich dermaßen vermehrt, dass die kleinen grauen Vögel zur Plage geworden waren. Sperlinge waren auch nicht Gegenstand wissenschaftlichen Interesses.*"

Das Spatzenbild bedient hier also alle klassischen negativen Klischees, doch man muss hinzufügen, dass die Krähen in dem Buch am Ende noch schlechter wegkommen. Nachdem wegen der zunehmenden Luftverschmutzung durch Zyklon B und Aschewolken schließlich fast alle Vögel, auch die Spatzen, das Weite gesucht hatten und auch die Zugvögel einen großen Bogen um das Lager machten, blieben nur noch die Krähen übrig. Als Aasfresser fanden sie dort reichlich Nahrung und bildeten bald riesige Schwärme über den Baracken. *„Die Krähen sind eine Art schwarze Polizei*", sagte einer der Lageroffiziere über sie, *„die jeden Morgen erscheint, um nach dem Rechten zu sehen.*"[47]

Diese ganze Geschichte ist übrigens keineswegs frei erfunden, sondern hat tatsächlich einen wahren Kern. 1941 veröffentlichte der Ornithologe Günther Niethammer einen Aufsatz mit dem Titel *Beobachtungen über die Vogelwelt von Auschwitz*, in dem er mitteilte, dass er 1940/41 während seines Dienstes bei der Waffen-SS „*die Gelegenheit* [hatte], *die Umgebung von Auschwitz kennen zu lernen und dabei besonders auf die Vogelwelt zu achten.*" Er „*verdanke dies*", so schrieb er „*dem großen Verständnis, welches der Kommandant des K. L. Auschwitz, SS-Sturmbannführer Höß, und sein Adjutant, SS-Obersturmführer Frommhagen, der wissenschaftlichen Erschließung dieses Gebietes und den Forschungsaufgaben, die der deutsche Osten an die Wissenschaft stellt, stets entgegenbrachten.*" Über den Spatzen äußerte er in seinem Aufsatz kurz und knapp: „*Beide Arten* [Haus- und Feldsperlinge] *sind hier gemein.*"[48]

Grauer Virtuose

Der Spätzin scheint es, daß ihr Spatz nicht piepst,
sondern sehr gut singt.
Anton Tschechow

Wenn man die Schönen Künste betrachtet, ist das Thema Musik natürlich unumgänglich, aber ganz ehrlich: Was gibt es über den Sperling in der Musik wohl schon zu sagen? Dass der Vogel alles Andere als musikalisch ist, muss im Grunde nicht erwähnt werden. Zwar gehört er rein biologisch zu den Singvögeln, doch dass er ein nervtötender Schreihals ist, der nur wenige Töne beherrscht, die er auch noch mit ausgesuchter Penetranz und Lautstärke von sich gibt, weiß jeder. In den literarischen Quellen wird diese spätzische Misstönigkeit meist mit knappen Worten wie „*der Sperling hat ein häßliches Geschrei*"[49] beschrieben oder, wie Alfred Brehm sich ausdrückte, „*Er ist ein schrecklicher Schwätzer und ein erbärmlicher Sänger*"[50]. Sogar das von Frankenstein erschaffene Monster in Mary Shelleys berühmtem Roman erkannte in all seiner grobschlächtigen Unwissenheit den unmusikalischen Charakter des Spatzen und glaubte sich darüber mitteilen zu müssen mit den Worten: „*Ich hatte entdeckt, daß der Sperling nur rauhe, häßliche Laute zur Verfügung hat, während der Gesang der Nachtigall oder der Drossel mir Entzücken verursachte*"[51].

Der Dichter Klabund bemerkte in einem Gedicht lakonisch, die Spatzen würden „*krähn*",[52] scheint aber insgesamt eine etwas ambivalente Haltung zu dem Vogel gehabt zu haben, denn in einem anderen Poem meinte er wiederum: „*Die Spatzen singen und der Westwind schreit*".[53] Bei einer intensiveren Suche nach einer Verbindung zwischen Spatz und Musik wird aber schnell deutlich, dass Klabund keineswegs als Einziger wankelmütige Vorstellungen von der Musikalität unseres kleinen grauen Vogels hatte.

Tatsächlich ist ziemlich erstaunlich, wie positiv das Bild des Spatzen in der Musik ist.

Zunächst einmal fällt auf, dass es bemerkenswert viele Chöre, Kapellen und ähnliche musikalische Gruppierungen gibt, die sich den Namen *Spatzen* gegeben haben. Allen voran sind die singenden *Kastelruther Spatzen* zu nennen, doch gibt es auch noch die *Unterlammer Spatzen*, die *Cottbusser Musikspatzen*, die *Isarspatzen*, die *Leißlinger Saale-Spatzen*, das *Akkordeonorchester Diemelspatzen*, den *Ulmer Spatzenchor* und viele viele mehr, die alle beabsichtigen, wohlklingende Musik zu erzeugen. Das möchte man jedenfalls annehmen. Weshalb sie sich dann nicht Nachtigallen, Amseln oder wenigstens Schwäne genannt haben, ist allerdings schwer nachvollziehbar.

Im Zusammenhang mit den Spatzen fällt dem musikalisch vielseitig gebildeten Leser aber natürlich sofort eine Person ein: Edith Piaf. Die französische Sängerin wird im deutschsprachigen Raum auch synonym als der *Spatz von Paris* bezeichnet, was, wie sich unschwer erahnen lässt, nichts mit ihrer Stimme zu tun hat. Vielmehr ist dieser Beiname auf ihren kleinen Wuchs zurückzuführen, denn die Pariserin war lediglich 1,47 m groß. Außerdem ist die deutsche Übersetzung ihres aus dem Französischen stammenden Spitznamens recht euphemistisch. Denn ursprünglich hat ihr erster Manager, ein Kabarettbesitzer, sie als *la môme piaf* bezeichnet, was genau genommen als *die Spatz-Göre* übersetzt werden muss und irgendwie wenig schmeichelhaft klingt. Wie auch immer, ihrer Karriere hat der musikalisch etwas befremdliche Bezug zum Spatzen jedenfalls nicht geschadet.

Aber, und das ist weniger bekannt, die Piaf war nicht der einzige singende Spatz. Es gibt sogar eine ganze Reihe von Frauen, die mit diesem Beinamen beehrt wurden: Mireille Mathieu wurde auch als *Spatz von Avignon* bezeichnet, die italienische Schlagersängerin Rita Pavone galt als der *Spatz von Rom* und Claire Waldoff ist heute noch als *Spatz von Berlin* bekannt. Und keiner dieser Spatzennamen ist irgendwie spöttisch oder herabwürdigend zu verstehen. Im Gegenteil: Endlich wird der kleine Vogel hier einmal als positive Metapher verwendet! Dass er ironischerweise als Symbol für eine Eigenschaft steht, die er nicht nur nicht verkörpert, sondern deren absolutes Gegenteil er eigentlich darstellt, ist angesichts der Freude über seine positive Rolle zu vernachlässigen.

Das Volkslied „Lo pardal" – Der Spatz – gehört zum traditionellen Liedgut der Katalanen

Doch widmen wir uns auch einmal kurz der Musik selbst. Wie man sich vorstellen kann, finden sich in der Fülle der musikalischen Kompositionen tausenderlei tierische Themen. Da sind beispielsweise der *Karneval der Tiere* von Saint-Saëns, Schuberts *Forellenquintett*, der *Hummelflug* von Rimski-Korsakow oder Rossinis *Katzenduett*. Und selbstverständlich gibt es auch unzählige Vogelstücke: Den *Schwan von Tuonela* von Sibelius und natürlich Tschaikowskis *Schwanensee*, die *Taubenpost* von Schubert, Joseph Haydns Streichquartett *Die Lerche*, die *Kanarievogelkantate* von Telemann und nicht zu vergessen Mussorgskys *Ballet der unausgeschlüpften Küken*. Vor allem, und wenig überraschend, haben sich Schwäne und Nachtigallen großer

Beliebtheit bei den Komponisten erfreut und interessanterweise sind auch die Tauben häufiger vertreten. Spatzen lassen sich hingegen nur mit großer Mühe finden. Obwohl schwer nachvollziehbar ist, weshalb die Musiker von den Tauben mehr inspiriert wurden als von den Spatzen. Um beispielsweise den einen oder anderen boshaften Impuls zu vertonen, eignen sich ja Spatzen und Tauben im Grunde gleichermaßen gut. Georg Kreisler, der offenbar Impulse dieser Art hatte, entschied sich musikalisch aber für das *Tauben vergiften im Park*.[54] Mit größter Begeisterung schilderte er, wie schön diese Tätigkeit ist: „*Ja, der Frühling, der Frühling, der Frühling ist hier, Gehn wir Tauben vergiften im Park! Kann's geben im Leben ein größres Plaisir, Als das Tauben vergiften im Park?*" Die Spatzen kommen in seinem Lied auch vor, aber eher als lästige Gesellen, die den Spaß am Taubentöten verderben: „*Erst verjag'mer die Spatzen, Denn die tun'am alles verpatzen. So a Spatz ist zu gschwind, der frisst's Gift auf im Nu, Und das arme Tauberl schaut zu.*" So ein Spatzenmord ist eben zu bedeutungslos und bringt einfach nicht genug mörderische Freude.

Obwohl er mitnichten zu den beliebtesten musikalischen Motiven zählte, fiel unserem kleinen Vogel dennoch die eine oder andere Hauptrolle in der Musik zu. So komponierte der Österreicher Franz von Suppé (1819-1895) ein Lied mit dem traurigen Titel

Der verlassene Spatz, von Antonin Dvorák ist ein Stück namens *Spatz und Eule* bekannt und der Musiker Eugen Hildach (1849-1924) widmete den Sperlingen sogar gleich zwei Kompositionen. Darüber hinaus gibt es weitere Stücke in verschiedensten Stilrichtungen, wie etwa einen *Spatzenwalzer*, einen *Spatzenmarsch* oder auch einen *Spatzen-Dixie*. Die wohl bedeutendste Komposition stammt aber von niemandem Geringeren als Mozart. Dieser schrieb 1775 im Auftrag des Salzburger Erzbischofs eine Messe mit dem wohlklingenden Namen *Missa C-Dur KV 220 (196b)*, die ein Jahr später im dortigen Dom aufgeführt wurde. So eingängig der offizielle Titel dieser Komposition auch sein mag, wurde sie dennoch bald nur noch als die *Spatzenmesse* bezeichnet. Leider hat dieser Beiname nichts mit den kleinen Vögeln selbst zu tun, sondern wurde der *Missa brevis* lediglich aufgrund einiger an Vogelgezwitscher erinnernden Violin-Figuren verliehen. Doch immerhin fand man den Vergleich mit den Spatzen anscheinend musikalisch angemessen, schließlich hätte man auch eine Amsel-, Drossel- oder Rotkehlchenmesse aus dem Werk des berühmten Künstlers machen können.
Damit hat sich die Spatzenrolle in der Musik nun fast erschöpft. Abgesehen davon, dass es Mitte der 1950er Jahre in der DDR ein tragbares Kofferradio mit dem schönen Namen *Spatz* gab, das im Handel zum stolzen Preis von 169,- DM zu bekommen war, ist viel-

leicht noch erwähnenswert, dass die Sperlinge auch einmal eine recht unterhaltsame Rolle in den frühen Aufführungen von Händels Oper *Rinaldo* spielten.[55] *Rinaldo* war die erste Oper, die Händel in London komponierte, wo er dreißig Jahre seines Lebens verbrachte. Das Werk wurde im Februar 1711 im dortigen Queen`s Theatre uraufgeführt und erfreute sich sofort größter Beliebtheit. Das Publikum war aber nicht nur von der Oper selbst, sondern auch von der bemerkenswerten Bühnenausstattung begeistert. Es gab feuerspeiende Drachen, Flugmaschinen und: lebendige Sperlinge. Eine wichtige Liebesszene zwischen Rinaldo und Almirena fand in einer schönen Naturkulisse statt, mit Hecken, lauschigen Wandelgängen und Springbrunnen. Die Hauptattraktion dieser Kulisse aber war ein Vogelhaus, in dem allerlei echte Vögel singen und fliegen sollten. Da die Uraufführung allerdings im Winter stattfand und alle beliebten Singvögel im Süden weilten, musste man sich notgedrungen mit Sperlingen begnügen. Diese flatterten nun also fröhlich umher, es wurde zunächst eine langsame Flötenmusik gespielt, dann setzte das Orchester ein und just in diesem Moment flogen die Sperlinge auf und kreisten über dem Orchester. Das Publikum war hingerissen. Die Kritiker zerrissen sich die Mäuler: Die einen jubelten, die anderen hielten das Ganze für vollkommen abgeschmackt. In jedem Fall war der Sperlingsflug ein voller Erfolg und es gab zahllose Aufführungen dieser Art. Im Hinblick auf die Spatzen kommen allerdings Fragen auf. So ist zum Beispiel nicht zu erwarten, dass die Vögel in bescheidener Zurückhaltung die ganze Aufführung über auf jegliches Tschilpen verzichteten. War der damalige Zuhörer etwa weniger empfindlich als der heutige Besucher klassischer Konzerte, den ja jedes unterdrückte Hüsteln des Sitznachbarn schon zur Weißglut bringt? Oder hatte man derartigen Peinlichkeiten vorgesorgt und den kleinen Vögeln vorab wohlweislich die Zungen entfernt? Auch wäre interessant zu erfahren, was nach den Aufführungen mit den Vögeln geschehen sein mag: Hat man sie wieder einfangen oder einfach entfliegen und für jede Aufführung neue Spatzen heranschaffen lassen? Natürlich schweigen die zeitgenössischen Quellen über derartig banale logistische Angelegenheiten, doch ist zu vermuten, dass die gefiederten unfreiwilligen Opernsänger auch nach den Aufführungen für beträchtlichen Wirbel gesorgt haben.

Damit, so könnte man meinen, ist nun wirklich alles zum Thema Spatzen und Musik gesagt. Dennoch wäre da noch eine nicht ganz unwesentliche Frage: Ist der Spatz wirklich nichts weiter als ein jämmerlicher Schreihals, der nur monoton piepst oder ist da doch mehr, was wir in unserem Hang zu schnellen Vorurteilen jedoch nicht wahrnehmen?

Im Grunde ist die Antwort wenig überraschend. Selbstverständlich ist das für uns akustisch wahrnehmbare Gepiepe nicht einfach nutzloses Geschrei. Die Laute der Vögel haben alle Sinn und Funktion, was wir uns aber nur schwer vorstellen können. Aber das geht uns ja nicht nur mit den Lautäußerungen der Spatzen (und aller anderen Tiere) so, sondern selbst uns fremde menschliche Sprachen empfinden wir als sinnloses Kauderwelsch. Seien wir ehrlich: Chinesisch klingt für uns Europäer wie ein monotoner Singsang, der aus höchstens sechs Silben besteht. Und selbst bei größter Toleranz für fremde Kulturen bringen wir es nicht über uns, der Klicksprache der afrikanischen Buschmänner eine komplexe kommunikative Funktion zuzugestehen. Wie sollen wir da eine vielschichtige Kommunikation bei Vögeln in Betracht ziehen?

Leider ist es extrem schwierig, die Sprache der Spatzen zu entschlüsseln, d.h. einen Übersetzungsmodus in eine der menschlichen Sprachen zu finden. Da wir Menschen glauben, dass wir so ziemlich alles können, wissen und beherrschen, ist die naheliegende Schlussfolgerung aus der Tatsache, dass wir die Spatzen nicht verstehen, die Annahme, dass es da nichts zu verstehen gibt. Also gestehen wir ihnen lediglich ein paar einfache, d.h. auch für uns nicht Spätzisch sprechende Wesen nachvollziehbare Lautäußerungen zu. So wissen wir zum Beispiel, dass die sich ständig wiederholenden rhythmischen Tschilp-Rufe nur von den männlichen Vögeln hervorgebracht werden, die damit Weibchen beeindrucken, Nistplätze markieren oder Reviere verteidigen wollen. Insbesondere die jungen und noch unverpaarten Männchen zeigen dabei eine bemerkenswerte Ausdauer, aber das ist bei den Menschen ja kaum anders.

Auch ist bekannt, dass die Vögel recht ausschweifend miteinander kommunizieren, wenn sie sich abends an ihren Schlafplätzen treffen. Spatzen verbringen die meiste Zeit des Tages in kleineren Trupps, doch zu den Ruhezeiten kommen sie oft in großen Schwärmen an festgelegten Plätzen zusammen. Dort gibt es zunächst ausgedehnte Begrüßungszeremonien. Neuankömmlinge an den Schlafplätzen pflegen bei ihrer Ankunft *jerk* und *tschilp* zu rufen, während die schon Sitzenden sie mit *schip schip* oder *tät tät* empfangen. Welche Bedeutung die unterschiedlichen Laute im Einzelnen haben, entzieht sich aber unserem Verständnis. Anschließend findet ein ausgiebiges Gerangel um die besten Sitzplätze statt, das mit schnarrenden und schrillen *tschicktschick*-Rufen kommentiert wird und wenn alle ihren Platz haben, wird vor dem Einschlafen noch ein lang anhaltendes gemeinsames Tschilpkonzert gegeben. Einige Schlafgesellschaften umfassen bis zu 50.000 Individuen – der größte bekannte Ruheplatz liegt südlich von Kairo und zählt sogar 100.000 Sperlinge.[56] Man mag sich kaum ausmalen, wie hoch der Lärmpegel dort ist.

Angesichts der meist einsilbigen spätzischen Lautäußerungen halten wir nicht nur eine komplexe Kommunikation der Vögel untereinander für unwahrscheinlich, sondern es wird außerdem kaum jemand auf die Idee kommen, dass sie auch singen können. Wobei unter Gesang hier selbstverständlich solcherlei Tonfolgen verstanden werden, die wir Menschen als harmonische Melodien empfinden. Doch können Spatzen durchaus singen, sind aber individuell unterschiedlich talentiert. Über den bereits erwähnten Spatz Clarence berichtet Clare Kipps, dass er sehr musikalisch veranlagt war. Er sang melodiös, facettenreich und sogar zweistimmig mit hohen Tönen und Trillern. Der Vogel entwickelte auch eigene Melodien, die er immer wiederholte.[57] Timmy, der zweite Spatz von Mrs. Kipps, sang hingegen weniger variantenreich, konnte dafür aber Töne und Stimmen imitieren und lernte sogar etwas sprechen.[58] Die Naturgeschichten der letzten Jahrhunderte nennen auch andere Beispiele von in Käfigen gehaltenen Spatzen, die singen oder den Gesang anderer Vögel nachahmen konnten. Es gibt sogar Beobachtungen, dass Sperlinge selbst so etwas wie Musik erzeugen. In einem Falle warfen Vögel tagelang kleine Kiesel von einem Dach auf eine Klapptür und den Zementboden daneben und lauschten den unterschiedlichen Geräuschen hinterher. Andere Spatzen pochten immer wieder mit dem Schnabel gegen Isolatoren aus Porzellan und erzeugten dadurch minutenlange Serien von hell klingenden Tönen. Dass es den Vögeln an musikalischen Fähigkeiten mangelt, kann somit nicht behauptet werden. Aber weshalb singen sie dann nicht? Nun, möglicherweise empfinden sie die für uns so harmonisch klingende Art von Gesang nicht als melodisch und sehen keine Notwendigkeit darin, ihnen völlig nichtssagende Töne zu erzeugen, nur um den menschlichen Ohren zu schmeicheln.

Oder vielleicht singen sie ja doch, aber auf eine Art und Weise, die von uns akustisch nicht wahrgenommen werden kann. Das tun andere Tiere schließlich ebenfalls, wie bekanntermaßen die Wale. Auch Mäuse erzeugen erstaunlich komplexe Melodien, deren Ultraschalltöne für unsere Ohren nur nicht wahrnehmbar sind. Und tatsächlich haben Frequenzanalysen ergeben, dass die für uns monoton klingenden Spatzentöne im Ultraschallbereich eine sehr starke Variabilität und Vielseitigkeit aufweisen, ja, es lassen sich sogar individuelle Unterschiede zwischen den Vögeln erkennen.[59] Der Gesang bzw. die Sprache der kleinen Vögel ist also durchaus komplex und womöglich sogar auf uns unverständliche Art melodisch und so hat sich das Thema Spatz und Musik offenbar als berechtigt erwiesen.

5. Schnabelhiebe

Wie Kirschen und Beeren behagen,
Mußt du Kinder und Sperlinge fragen.
J.W. Goethe

Wir wissen nun, dass der Spatz zahllose negative Eigenschaften verkörpert: Er gilt als böse, verschlagen, faul, laut, aufdringlich, nervtötend und vieles mehr. Dafür wurde er verflucht, beschimpft, verunglimpft und sogar exkommuniziert. In den meisten der bisher geschilderten Beispiele wurde der kleine Vogel aber selbst nicht als reale Bedrohung verstanden, sondern hatte entweder symbolische Funktion oder galt einfach als lästig. Daher wurde er nicht aktiv und zielgerichtet bekämpft und wenn es zu spätzischen Todesfällen kam, dann deshalb, weil man sich davon einen gezielten Nutzen versprach, wie etwa von den biblischen Spatzenopfern. In den bisher genannten Fällen wurden die Spatzen nur selten um ihrer selbst Willen getötet. Doch das war leider nicht immer so.

Der kleine aber feine Unterschied im Umgang mit den Vögeln ergab sich also daraus, ob sie nur als lästig oder als schädlich angesehen wurden. Im ersten Fall war eine, wenn auch meist sehr willkürlich ausgelegte, Duldung üblich. Im zweiten aber setzte nahezu zwangsläufig eine aktive Bekämpfung und gezielte

Vernichtung ein und manchmal erhielt der Umgang mit den Spatzen ganz neue Dimensionen, wie schon das Beispiel der Spatzenvernichtungskampagne im maoistischen China gezeigt hat.

Auch wenn vieles, was bisher über den Spatzen gesagt wurde, sich bei näherer Betrachtung als ziemlich haarsträubend entpuppen mag, eines kann wohl als selbstverständlich gelten: Der Sperling war schon immer ein Feldschädling, ein gefräßiges Tier, das Jahr für Jahr in riesigen Scharen über die Getreidefelder her fiel und manchmal innerhalb von wenigen Stunden oder Tagen die gesamte Ernte vertilgte.

Montaigne schrieb einst: „*Den Menschen schulden wir Gerechtigkeit, aller anderen Kreatur jedoch Freundschaft und Wohlwollen*“[60] – aber Tierliebe hin oder her: Was blieb den Bauern denn anderes übrig, als die schädlichen Spatzen zu eliminieren? Und so ersannen sie im Laufe der Jahrhunderte manche Mittel und Wege, die Vögel loszuwerden. Die harmlosesten von ihnen waren noch die magischen Rituale, die der Aberglaube in unzähligen Variationen hervorgebracht hat und in denen sich die menschliche Phantasie in all ihrer Pracht entfalten konnte. So kennt das sogenannte *Sechste Buch Mosis* folgendes Mittel: „*Willst du, daß kein Sperling oder anderer Vogel dir den Hirse oder Gerste, wenn es reif wird, auffressen, so nimm von einem Radspeichen ein Spänlein, und wenn du säest, so nimm selbiges zwischen die Zähne und rede nicht. Hernach, wenn du mit dem Säen fertig bist, so vergrabe solches Spänlein an einem Ende des Ackers. Wenn nun der Hirse reif, so setzen sie sich zwar darauf, sperren die Mäuler auf, können aber nichts genießen, sondern müssen wieder davon fliegen.*“[61] Das hört sich zwar etwas krude an, war aber für die Vögel immerhin alles in allem ungefährlich. Weniger schön ist hingegen das nachfolgende Rezept: „*Man verbrennet Spatzen, wenn sie noch blind sind, macht ein Pulver daraus, mischt solches unter die auszusäenden Früchte, und streuets mit solchen auf den Acker.*“[62] Es gab aber auch andere Möglichkeiten: So konnte man in der Nacht nach der Aussaat eine Kröte um den Acker tragen und sie anschließend auf dem Feld vergraben. Allerdings wirkte das nur, wenn die Kröte kurz vor der Ernte auch wieder ausgegraben wurde und es erscheint zweifelhaft, ob von dem Tier dann noch etwas übrig war. Für den Schutz von Kohl hatte man ein spezielles Mittel: „*Zerriebener Hundskoth in faulen Urin eingemengt, und die Pflanzen damit begossen, hält die Spatzen* [...] *von den Kohlgewächspflanzen gänzlich ab.*“[63] Bei diesem Rezept kam immerhin kein Tier zu Schaden, doch es bleibt zu hoffen, dass der Kohl vor dem Verzehr gründlich gewaschen wurde.

Das am häufigsten angewandte Mittel aber war wohl das Aufsagen von Abwehrsprüchen bei der Aussaat, wie etwa das rheinländische „*Da tu ich meinen Samen hinschmeissen, dass mir die grauen, die schwarzen und die weissen – den Samen nicht abbeissen*“ oder wie man in

Siebenbürgen zu sagen pflegte: „*Spatzen, lasset meinen Weizen stehn, und ihr sollt zum Nachbarn gehn*".[64] Das klingt doch nach sehr herzlichen nachbarschaftlichen Verhältnissen.

Aber leider blieb es nicht bei den magischen Ritualen, sondern die Bauern versuchten auch, die Vögel zu fangen und zu töten. Vor allem wurden Netze, Fangschlingen und Leimruten dafür verwendet. Manche Spatzenjäger waren sogar so vorausschauend, neben den Altvögeln auch gleich noch deren Nester ins Visier zu nehmen. Die *Naturgeschichte des Sperlings teutscher Nation* aus dem Jahre 1779 hält gleich zwei Anleitungen dieser Art bereit. Im ersten Beispiel wird empfohlen, sogenannte Spatzenkrüge zu verwenden: Man hängt Krüge mit schmalen Hälsen am Dach auf und kann sicher sein, dass die „*Faulenzer*" ihre Nester darin bauen werden. Sobald die Jungen geschlüpft sind, wartet man, bis beide Eltern drin sind, fängt alle mit einem Netz „*und kann sie hängen und radbrechen wie man will.*"[65] Die zweite Anleitung ist noch perfider, denn sie baut auf das ausgeprägte Sozialverhalten der Spatzen. Dort wird empfohlen, einen durchsichtigen, reusenartigen Korb zu nehmen und einfach ein Nest mit frisch geschlüpften Jungen hinein zu legen. Bald kommen alle Altvögel von Nah und Fern, um die hilfebedürftigen Jungen zu retten, schlüpfen in den Korb und im Nu hat man den Sperlingsbestand des halben Dorfes aus dem Verkehr gezogen.

Diebische Spatzen fallen über ein Getreidefeld her

Diese Fangmethoden mochten wohl kurzfristig recht effektiv sein, doch brachten sie über längere Zeit natürlich keine Änderungen. Spätestens binnen eines Jahres hatten sich die Sperlingspopulationen wieder erholt und die Bauern standen vor den gleichen Problemen wie immer. Allerdings waren sie nicht die einzigen, die unter den Ernteverlusten litten. Noch viel größere Einbuße als die Bauern mussten schließlich die Landesherren hinnehmen, für deren Gewinne die Landarbeiter tagein tagaus die Felder bestellten. Und diese waren zweifelsohne nicht zufrieden damit, dass hier und da mal eine Falle aufgestellt oder ein Abwehrzauber gesprochen wurde. Sie wollten handfeste Ergebnisse sehen. Und so kamen sie auf die bemerkenswerte Idee, von den Untertanen sogenannte „Spatzenabgaben" zu verlangen.

Einer der Vorreiter dieser Methode war König Friedrich I. von Preußen, der 1701 eine *Feuer-Ordnung aufm Lande in der Chur- und Marck-Brandenburg* erließ, der zufolge jeder Untertan jährlich zwischen 6 und 12 Sperlingsköpfe an seine Obrigkeit abzuliefern hatte.[66] Wer der Abgabe nicht nachkam, musste empfindliche Geldstrafen zahlen. Friedrichs Edikt fand bei den anderen Herrschern so großen Anklang, dass es eine Welle von ähnlichen Verordnungen auslöste. Die Modalitäten der Edikte waren dabei durchaus verschieden. In einigen Gegenden war es erlaubt, überschüssige Sperlingsköpfe an andere Abgabepflichtige abzutreten. Woanders konnte man die Köpfe auch dörren, aufbewahren und im nächsten Jahr mit abliefern. Um zu verhindern, dass die Vogelköpfchen nicht doppelt und dreifach abgegeben wurden, verfiel man darauf, sie nach Erhalt entweder zu verscharren oder öffentlich zu verbrennen, wie beispielsweise die bayerische Verordnung von 1774 verfügte.[67]

Aber es gab dummerweise noch andere Schwierigkeiten bei der Umsetzung der Erlasse. So versuchten schlitzohrige Untertanen immer wieder, der Obrigkeit die Köpfe von anderen Vögeln unterzujubeln. Ein weiteres Problem war, dass Spatzen naturgemäß nicht überall gleichermaßen heimisch sind. In waldreichen Gegenden kommen Sperlinge nur äußerst selten vor, was die dortige Bevölkerung in ernsthafte Schwierigkeiten brachte. Auch für Stadtbewohner konnte es durchaus eine Herausforderung sein, die geforderte Anzahl an Spatzenköpfen zu besorgen, von den Lahmen, Kranken und Blinden ganz zu schweigen. In manchen Regionen kam es zu Abgabeverweigerungen und Klagewellen, die langatmige Rechtsstreitigkeiten nach sich zogen. Um derartige Auseinandersetzungen zu umgehen, wählten manche Städte daher andere Wege, die Spatzen aus der Welt zu schaffen. Einige verzichteten auf Abgabepflichten und riefen stattdessen Fangprämien aus. Andere stellten einfach Sperlingsfänger an, die durchaus vorzeigbare Erfolge verzeichneten, wie etwa in Homburg. Der dortige

Spatzenfänger lieferte im Jahre 1691 mehr als tausend Sperlinge ab und kassierte dafür immerhin über 20 Gulden.

Allerorten wurde also versucht, den schädlichen Sperling auszurotten und in manchen Gegenden waren diese Versuche sogar recht erfolgreich. Die Tötungskampagnen hatten aber auch einen nicht zu vernachlässigenden kleinen Nebeneffekt. Sie ließen sich gewissermaßen als Befriedungsmittel für den einfachen Mann einsetzen. Der arme Untertan konnte nun endlich seinem natürlichen Jagdtrieb folgen. Immer musste er zusehen, wie die Herrscher die köstlichen Rehe und Wildschweine jagten und verzehrten, während er seine Gerstensuppe löffelte. Doch nun durfte er wenigstens die Spatzen jagen und sogar deren Körper behalten, als winzige Fleischbeilage zum Gerstenbrei. Die Spatzenjagd war ein Ventil für die Aggressionen des kleinen Mannes. So lehnte er sich nicht gegen die Herrscher auf, sondern verpulverte seine Mordlust an die kleinen Vögel. Was für eine bemerkenswert vielseitige Erfindung war die Spatzenabgabe.

Aber natürlich gelang die Umsetzung der Idee nicht überall so reibungslos, wie die Herrschaften sich das vorstellten.

Schon mit den ersten Ausrottungskampagnen ließen sich mahnende Stimmen vernehmen, die darauf hinwiesen, dass die Vögel ja vielleicht gar nicht so schädlich wären, wie allgemein behauptet wurde. Vielmehr hätten sie sogar einen Nutzen, da sie die Raupen und Insekten auf den Feldern verzehren. Bereits 1706 wurde einem Erlass in Erfurt eine Abhandlung eines gewissen Johann Philipp Treiber beigefügt, in der er Für und Wider der Spatzenbekämpfung diskutierte und meinte, dass die Vögel als Insektenvertilger durchaus nützlich wären und es dem Menschen außerdem nicht zustünde, gegen die Schöpfung zu verstoßen und eine Tierart auszurotten.

Die Obrigkeit wusste es selbstverständlich besser, ignorierte den Traktat und wunderte sich über die anschließenden Insektenplagen. Als der französische König Ludwig XIV. nach radikaler Umsetzung seiner Tötungsedikte feststellte, dass die Garten- und Feldgewächse von den Insekten aufgefressen wurden, erließ er neue Edikte, in denen nun Prämien auf die Vermehrung der Sperlinge ausgesetzt wurden.[68] Derlei Beispiele finden sich überall. Die Bevölkerung hat die negativen Folgen der Spatzenedikte mehr als einmal empfindlich zu spüren bekommen und zahllose Texte wurden verfasst, um die Nachkommen davor zu warnen, diese Fehler zu wiederholen. „*Beschützen Sie die lieben kleinen Thierchen, sie sind der Feldwirthschaft nützlich*", flehte sogar der österreichische Kaiser Franz Joseph[69], aber vergeblich. Alle Belehrungsversuche sind unnütz, denn jede Generation meint klüger zu sein als die vorherige und muss alle Fehler selber machen.

Das ganze Hin und Her mit der Nützlichkeit und Schädlichkeit des Spatzen hat aber noch ganz andere Blüten getrieben. Mitte des 19. Jahrhunderts ärgerten sich in Amerika die vor nicht allzu langer Zeit angekommenen Einwanderer mit verschiedenerlei Insektenplagen auf den Feldern herum. Da fiel ihnen plötzlich der gute alte europäische Spatz wieder ein und in entzückter Verklärung erinnerten sie sich, wie nützlich das Vögelchen doch für die Landwirtschaft gewesen sei, wie fleißig es all die Raupen von den Feldern gefressen hätte und so beschlossen sie, den Sperling kurzerhand in die neue Heimat zu importieren. Das heißt: Man importierte ihn nicht einfach, man *bürgerte* ihn *ein.*

Die ersten Spatzen, insgesamt acht Pärchen, wurden 1850 nach Amerika gebracht. Irgendwie verloren sich die Vögelchen aber in den Weiten des Landes und wurden nie wieder gesehen. Daher bildete sich zwei Jahre später am Brooklyn-Institut eine *Kommission zur Einführung des Haussperlings* und es wurde sogar eine Summe von 200 Dollar für die Umsetzung bereitgestellt. Diesmal war das Immigrationsprojekt erfolgreich und bald wurden weitere Aussiedlerspatzen geholt: im Jahre 1854 nach Kanada, 1860 nach New York und 1867 nach New Haven. Im gleichen Jahr wurden in Philadelphia 500 Pärchen freigelassen, wenig später kamen sie nach San Francisco und so wurden die Spatzen in kürzester Zeit auf dem gesamten Kontinent heimisch.[70]

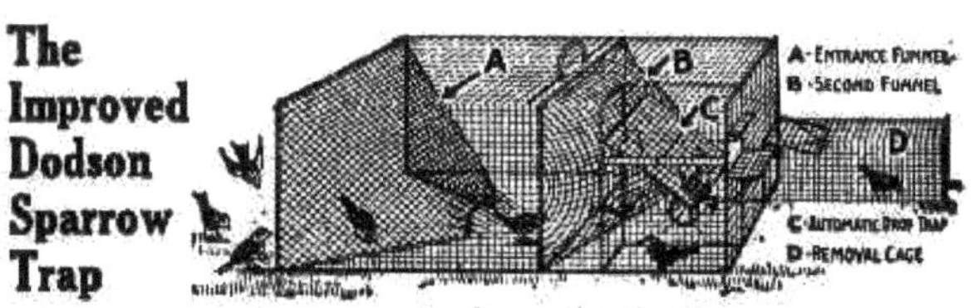

Werbeanzeige für eine Spatzenfalle vom Typ Dodson, Chicago 1915

Natürlich hatte es von Anfang an auch kritische Stimmen gegeben und natürlich wurden diese ignoriert. Stattdessen erhob man Gesetze zum Schutz des Sperlings. Da kommt unwillkürlich die Frage auf, ob in all dem plötzlichen Getue rund um den sonst so ungeliebten Vogel nicht auch eine Portion Nostalgie und Sehnsucht nach der alten europäischen Heimat enthalten war. Und womöglich stellten diese Aktivitäten Versuche dar, mit dem Spatzen ein Symbol der alten Kulturlandschaft in die Fremde zu holen. Jedenfalls waren alle vernünftigen Warnungen umsonst und die kleinen Vögel fühlten sich in Amerika bald heimischer als die menschlichen Zuwanderer. Wie nicht anders zu erwarten, schlug die Stimmung nach der anfänglichen Euphorie auch sehr schnell um und begann sich gegen die unfreiwilligen Immigranten zu wenden. Die Schutzgesetze wurden zurück genommen und stattdessen setzte man Fangprämien auf die inzwischen stark vemehrten Vögel aus. Diese waren jedoch recht niedrig und für die Bevölkerung daher nicht sehr attraktiv und so etablierte sich die Spatzenjagd in Amerika als Freizeitbeschäftigung für Kinder, die sich damit etwas Kleingeld für Süßigkeiten beschafften.

Spatzenjagd: Eine lustige Freizeitbeschäftigung für Kinder

Das unsinnige Phänomen der gezielten Spatzenansiedlung beschränkte sich aber keineswegs auf Nordamerika. Schon 1850 brachte man den Sperling nach Kuba und 1874 auf die Bermudas. 1872 holte man den Vogel nach Buenos Aires, weil man hoffte, ihn gegen einen die Ernten verwüstenden Spinner einsetzen zu können. Der Spatz interessierte sich aber nicht im geringsten für die Falter, sondern wurde stattdessen bald selbst zu einer Plage und verdrängte eine einheimische Art von Ammerfinken aus den Ortschaften. Nun könnte man meinen, die amerikanischen Erfahrungen wären wenigstens den Bewohnern der anderen Kontinente eine Lehre gewesen, doch damit würde man die menschliche Fähigkeit zur Ignoranz unterschätzen. Deshalb wurden die Vögel auch in Australien und Neuseeland und von dort aus auf Hawaii eingeführt, wo sich bald die gleichen Probleme wie in Amerika einstellten. Trotz aller Erfahrungen setzte der Mensch die absichtliche weltweite Verbreitung auch zu Beginn des 20. Jahrhunderts fort und brachte kleine Populationen nach Brasilien und Chile, aber auch nach Sansibar und Kenia, von wo aus sie die gesamte ostafrikanische Küste, die Seychellen und weitere Inseln eroberten. 1883 hatte man sogar versucht, die kleinen Vögel auf Grönland anzusiedeln, doch die Insel war ihnen anfangs zu unwirtlich und sie verschwanden wieder. Heute trifft man die Spatzen auch dort an.

Ist der Spatz nun nützlich oder schädlich? Dass der Wert eines Lebewesens an seiner Nützlichkeit für den Menschen gemessen wird, ist in unserem anthropozentrischen Weltbild selbstverständlich nicht in Frage zu stellen. Lassen wir die Nützlichkeit aber mal beiseite, dann hat der Spatz genau genommen nichts anderes getan, als sich den wechselnden Umweltbedingungen anzupassen. Es ist nur natürlich, dass sich mit der Einführung von großflächiger Felderwirtschaft und dem Anbau von Monokulturen auch die Anzahl derjenigen Tiere erhöht, die sich von den angebauten Pflanzen ernähren. Mit der Größe der Felder sind also auch die Spatzenzahlen gewachsen und das Überangebot an Nahrung hat übergroße Spatzenpopulationen hervorgebracht. Das proportionale Verhältnis zwischen Getreidemenge und Sperlingen hat sich hingegen nicht geändert, sondern blieb immer ausgeglichen und symbiotisch, d.h. auf gegenseitigen Nutzen ausgerichtet: Der Spatz fraß die Schädlinge von den Feldern und nahm sich dafür einen Teil der Ernte. Da der Mensch aber habsüchtig ist und möglichst viel bekommen will, ohne etwas dafür geben zu müssen, ignorierte er den Nutzen des Vogels und wunderte sich über die Folgen, immer und immer aufs Neue.

Heutzutage hört man nichts mehr von Sperlingsschäden auf Feldern, denn wir konnten das Problem des Nehmen-und-Geben-Prinzips endlich lösen. Insbesondere mit dem Einsatz von Giften und Pestiziden wurden im 20. Jahrhundert zwei Fliegen mit einer Klappe geschlagen: Die Felder wurden von den Insekten befreit und gleichzeitig die Sperlinge reduziert. Und so haben diese Wunderwaffen uns auch aller unangenehmen Verpflichtungen gegenüber den Spatzen entbunden und wir können endlich ohne schlechtes Gewissen nehmen, ohne etwas dafür geben zu müssen.

Ein erster Durchbruch bei der chemischen Bekämpfung der lästigen Spatzen gelang in den 1950er Jahren mit dem flächendeckenden Einsatz von Strychnin. 1951 veröffentlichte das Pflanzenschutzamt Hannover ein Büchlein mit dem Titel *Sperlingsbekämpfung unter Verwendung von grüngefärbtem Strychninweizen*, das mit den Worten: „*Das Thema des vorliegenden Büchleins ist durchaus geeignet, bei Naturfreunden ein mehr oder weniger deutlich betontes Unbehagen hervorzurufen*"[71] eingeleitet wird und auch hält, was es verspricht. Nach eingehenden Ausführungen über die Schädlichkeit des Vogels wird dort mit viel Liebe zum Detail beschrieben, wie das Gift eingesetzt werden muss, um möglichst wirkungsvoll zu sein. Versuche hatten gezeigt, dass „*bei einer Konzentration von 0,2 %* [Strychnin] *ein Korn zur schnellen Abtötung eines nüchternen Sperlings normalerweise ausreicht*".[72] Es war aber gar nicht nötig, die Köder selbst mit der richtigen Giftdosis zu präparieren, denn man konnte fertig vergifteten Weizen ganz bequem bei bestimmten Herstellerfirmen erwerben. Die Hamburger Firma *Urania Pflanzenschutz-Ges.m.b.H.* bot zum Beispiel das Produkt „*Sperlingstod Urania-Spiess*" an, das vom Pflanzenschutzamt ausdrücklich empfohlen wurde. Das Büchlein informiert auch darüber, wie später mit den toten Vögeln umgegangen werden sollte: „*Die Nutzungsberechtigten haben die anfallenden toten Sperlinge und sonstigen Vögel laufend aufzusammeln, katzensicher aufzubewahren und dem Schädlingsbekämpfer* [...] *auszuhändigen.*"[73] Was dieser dann mit den hochgiftigen Spatzenleichen anstellte, wird hingegen nicht näher erläutert.

Die systematischen Vergiftungskampagnen zeitigten gründliche Erfolge. 1950 konnten in Thüringen 1,4 und in Hessen sogar 2,5 Millionen Sperlinge mit Strychnin getötet werden.[74] Leider hatte das Verfahren zwei wesentliche Schwachpunkte: Einerseits musste es ständig wiederholt werden, weil sich die Vogelbestände relativ schnell wieder erholten, andererseits gab es einfach zu viele Kollateralschäden und unter den Opfern waren neben artgeschützten Wildvögeln auch immer wieder Enten, Hühner, Katzen, Schweine und sogar Pferde. Aber aller Anfang ist schwer und da in den folgenden Jahrzehnten fleißig weiter geforscht wurde, konnten hochwirksame Pestizide entwickelt werden, die gegen alle möglichen Schädlinge und offenbar auch gegen Spatzen wirksam sind. Wer heutzutage an einem Getreidefeld vorbeikommt, hört endlich keinen Sperling mehr tschilpen, kein Insekt summen und keine Feldmaus rascheln. Dort herrscht himmlische Ruhe, nur das Rauschen der Getreideähren im Wind ist zu vernehmen.

Der fiedrige Pestbote

Ein Sperling in dieser Welt ist mehr wert als zehn Tauben in jener.
Friedrich der Große an Voltaire

Alle bisher erbrachten Beweise für die Schädlichkeit des Sperlings waren vergleichsweise harmlos angesichts einer noch ungenannten weiteren Gefahr, die von ihm ausgeht. In unserem Hang zur Verharmlosung von Bedrohungen jeglicher Art nehmen wir sie oft nicht wahr, aber es muss dennoch unverblümt angesprochen werden: Die Spatzen stellen eine arge Gefährdung unserer Gesundheit dar.
Unsere Vorfahren wussten dies und haben immer wieder vor den Vögeln gewarnt, doch beharrlich ignorieren wir ihre warnenden Worte. Schon in der Bibel findet sich ein Beispiel für die tückische Gefahr, die von ihnen ausgeht. Dort wird berichtet, dass dem gottesfürchtigen Tobias im Schlaf ein Sperling[75] seinen „*heißen Dreck auf seine Augen fallen* [ließ]" (Tob. 2.11),

der offenbar so giftig war, dass der arme Mann davon erblindete. Nach sieben Jahren der Blindheit hatte Gott aber Mitleid mit Tobias. Er ließ ihm durch einen Engel mitteilen, dass er seine Augen nur mit Fischgalle salben bräuchte um wieder sehen zu können, was auch prompt half. Nun muss zugegeben werden, dass die Gefahr, Spatzenkot in die Augen zu bekommen, nicht übermäßig groß ist. Aber es gehen noch andere, weitaus schlimmere Bedrohungen von dem so harmlos erscheinenden Vogel aus. Beispielsweise erwähnen die alten Schriften immer wieder, dass Sperlinge Cholera übertragen konnten und sogar für manche verheerende Epidemie verantwortlich waren. Diesen Zusammenhang stellte man her, weil immer wieder Berichte auftauchten, dass vor Choleraausbrüchen plötzlich die Spatzen tot vom Himmel gefallen oder schlichtweg verschwunden waren. Doch nicht nur für die Cholera war der Spatz verantwortlich, sondern es war allgemein bekannt, dass er auch die Pest übertragen würde. Beobachtungen von eifrigen Wissenschaftlern führten zu der Schlussfolgerung, dass besonders hungernde Spatzen für Pesterreger empfänglich waren und diese dann weitergaben.[76] In seiner *Abhandlung über die Pest, nach vierzehnjährigen eigenen Erfahrungen und Beobachtungen* empfahl der Arzt Enrico di Wolmar im Jahre 1827 eindringlich, zum Schutze gegen die Ansteckung „*alle Fenster* [...] *verschlossen zu halten, damit* [...] [keine] *Vögel ins Haus kommen können;*

welche letztere, und unter ihnen vorzüglich die Sperlinge, durch ihre Federn gefährlich werden.“[77] Die Angst vor den Pest und Cholera übertragenden Sperlingen war so groß, dass mancherorts regelrecht Hysterien ausbrachen. Überraschenderweise fanden Forscher im Laufe des 19. Jahrhunderts dann heraus, dass die kleinen Vögel die Krankheiten doch nicht übertragen. Und so verkündeten die Berlinischen Nachrichten von Staats- und gelehrten Sachen am 3. November 1831: „*Die Sperlinge* [...] *und der Cholera-Duft von Wien und Berlin haben nichts miteinander zu schaffen.*“[78]

Entpuppte sich der gefährliche Spatz nun als harmlos? Die Warnungen vor dem seuchenverbreitenden Vogel hörten jedenfalls nicht auf. Noch heute findet man auf diversen Internetseiten angsteinflößende Meldungen. Demnach sind die kleinen Vögel Träger von Salmonellen, Kolibakterien, Kokzidien, Blutparasiten, Mikro-, Strepto- und Staphylokokken, Schimmel- und Hefepilzen sowie unzähligen Viren. Der Spatz ist geradezu eine wandelnde bzw. fliegende Büchse der Pandora. Als im Jahre 2015 in Afrika die Ebolaseuche wütete, wurde sogar vermutet, dass der Vogel auch diesen tödlichen Virus übertragen könnte.

Bei näherer Betrachtung lässt sich allerdings feststellen, dass es keinen Beleg dafür gibt, dass der Spatz jemals auch nur einen einzigen der genannten Erreger auf eine andere Spezies übertragen hätte. Die Tatsache, dass er sie in sich trägt, zeigt lediglich, dass der kleine Vogel selbst eine ganze Reihe unschöner Krankheiten zu erdulden hat. Doch das kann uns Menschen egal sein.

Weniger bekannt als die angebliche gesundheitliche Bedrohung durch den Sperling ist, dass er im Gegensatz dazu früher auch gegen Krankheiten eingesetzt wurde.[79] So hatte das biblische Spatzenopfer zwar einen religiösen Hintergrund, soll aber ganz nebenbei auch gegen das Siechtum geholfen haben. Interessanterweise wurde der Spatz häufig auch als Gegenmittel bei jenen Krankheiten eingesetzt, die er selbst verursachte. Daher galt er nicht nur als Auslöser der Pest, sondern wurde auch gegen sie verwendet. Paracelsus[80] zum Beispiel berichtete, dass man einen lebenden Sperling nehmen, ihm das Hinterteil rupfen und das so malträtierte Tier anschließend lebendig aufhängen sollte. Während der Vogel dann langsam und qualvoll starb, zog er alle Pestilenzgifte an sich.[81] Auch die sogenannte Fallsucht soll der Spatz übertragen haben, im Gegenzug wurde die Einnahme von gemahlenen Spatzenbeinen als Heilmittel gegen diese epileptische Krankheit betrachtet.
Sehr beliebt war die Verwendung von Spatzenkot für und gegen alles Mögliche. Der Vorteil an den Exkrementen war, dass sie recht leicht zu beschaffen waren und vor allem, dass die Vögel selbst nicht in Mitleidenschaft gezogen wurden. Nachteilig war ganz klar der unappetitliche Charakter des Mittels, aber letztlich

ist es auch nicht scheußlicher als die gemahlenen Beine des Vogels. Die Ungarn waren beispielsweise der Ansicht, dass man einem Trinker das Laster abgewöhnen könne, indem man ihm Spatzenmist in den Branntwein mischt. Was absolut glaubhaft ist, denn mit Spatzenkot lässt sich vermutlich jeder Genuss verderben. Nach Plinius soll Spatzenkot aber auch gegen braune Flecken im Gesicht helfen und wenn man ihn mit erwärmtem Öl vermischt und ins Ohr träufelt, wirkt er gegen Zahnschmerzen. Abgesehen davon befördert er mit Schmalz verrieben den Haarwuchs, allerdings hat es anscheinend keiner der überliefernden Autoren auf einen Selbstversuch ankommen lassen, zumindest gibt es keine Berichte darüber.

Leider waren nicht alle Rezepte so harmlos für die Vögel. Oft mussten die Tiere gerupft, gekocht, gebraten oder zu Pulver verarbeitet werden, damit sie ihre gesundheitsfördernde Kraft entfalten konnten. So legte man bei Krebsgeschwüren frisches Spatzenfleisch auf, ließ es 24 Stunden liegen und vergrub es anschließend unter der Dachtraufe. Auch die Asche von verbrannten Spatzen war vielseitig einsetzbar und wurde zum Beispiel gegen die Gelbsucht verwendet. Großer Beliebtheit erfreute sich auch das Blut der kleinen Vögel. In der Pfalz träufelte man bei Hornhautgeschwüren Spatzenblut in das betroffene Auge und in der Türkei verwendete man mit Wein vermischtes Sperlingsblut gegen den Keuchhusten.[82] Ein besonders blutrünstiges Rezept kannte die jüdische Tradition: Man nahm zwei lebende, reine Spatzen, ließ sie von einem Priester schlachten und ausbluten und vermischte das Blut mit Wasser, Zedernholz und Ysop. Dann nahm man einen dritten lebenden Spatzen, tauchte ihn in das Blutbad und wenn das Ritual dann abgeschlossen war, hatte man ein vorzügliches Mittel gegen eine syphilitische Hautkrankheit.

Aber natürlich wurden die Vögel nicht nur für derartigen Hokuspokus missbraucht, sondern kamen auch bei seriösen wissenschaftlichen Experimenten zum Einsatz. Und manchmal war es auch unumgänglich, dass sie im Namen der Forschung und der Wissenschaft ihr Leben lassen mussten. Als der toskanische Arzt Felix Fontana im 18. Jahrhundert Untersuchungen über die Wirkung von Schlangengiften anstellte, musste er diese zwangsläufig an Tieren ausprobieren. Wie hätte er sonst zu seinen Erkenntnissen kommen sollen?[83] Also nahm er eine größere Anzahl von Sperlingen und ließ sie von Vipern beißen. Einigen der Vögel aber verabreichte er vorher in Wasser aufgelöstes Laugensalz um zu sehen, ob dadurch vielleicht die Wirkung des Giftes abgemildert würde. Das Resultat war, dass alle Vögel nach einem ziemlich unschönen Todeskampf starben. Die Spatzen aber, die zuvor Laugensalz erhalten hatten, erlitten einen noch qualvolleren Tod als die anderen Tiere, weil das Salz offenbar zusätzliche Vergiftungserscheinungen hervorrief. Das war zwar nicht das Ergebnis, das Fontana sich vorgestellt hatte, doch da er ein ernsthafter Wissenschaftler war, wiederholte er die Versuche noch dutzendfach, um eine statistisch vernünftig auswertbare Datenmenge zu bekommen. Zum Schluss notierte er, dass Viperngift für Spatzen nachweislich hundertprozentig tödlich war und dass die Vögel außerdem kein Laugensalz vertrugen. Zusätzlich bemerkte er, dass damit aber noch nicht nachgewiesen wäre, ob Laugensalz nicht doch eventuell bei Menschen hilfreich gegen Viperngift sei.

Die Sperlinge waren aber nicht die einzigen Tiere, die für dieses wichtige Forschungsergebnis einen grausamen Tod erleiden mussten. Fontana gab nicht einfach auf, sondern setzte seine Versuchsreihen mit größeren Tieren fort. Erst ließ er die Vipern auf Tauben los, dann folgten Hühner, Meerschweinchen und Kaninchen, aber alle brachten die gleichen Resultate wie die Spatzen, das heißt sie verendeten nach kurzer Zeit. Schließlich fuhr Fontana schärfere Geschütze auf und versuchte es mit Katzen und Hunden und siehe da, die größeren Tiere überlebten die Bisse. So konnte er also die bedeutende Erkenntnis gewinnen, dass die Überlebenschance nach einem Vipernbiss im Zusammenhang mit der Körpergröße des Opfers steht und folglich lässt sich sagen, dass alle Probanden schlussendlich doch ein nützliches Ende gefunden haben.

Vincent von Gogh: Tote Sperlinge (1885)

Das klingt für uns heute zweifelsohne alles furchtbar barbarisch. Inzwischen ist unsere Zivilisation fortgeschritten und wir würden nicht mehr so unverantwortlich handeln. Heutzutage töten wir Tiere nicht mehr hemmungs- und gedankenlos. Wir respektieren die Existenz aller Wesen und versuchen sie möglichst am Leben zu erhalten, denn wir haben gelernt, dass auch die lebenden Tiere wertvolle Beiträge für unser Gesundheitswesen leisten können.

Vor Kurzem wurden an der Princeton University beispielsweise Versuche mit Sperlingen durchgeführt, um den Einfluss von Testosteron auf die Schmerzempfindlichkeit zu untersuchen. Zunächst tauchten die Forscher die Beine von mehreren Spatzen in heißes

Wasser und stellten fest, dass die weiblichen Vögel die verbrühten Füße schneller wieder heraus zogen als die männlichen. Daraufhin pflanzten die Wissenschaftler einigen männlichen Vögeln Testosteronimplantate in den Rücken und wiederholten die Heiß-Wasser-Versuche mit dem Ergebnis, dass diese Spatzen langsamer auf den Schmerz reagierten als die unbehandelten Kollegen. Schließlich wurde den Tieren ein Wirkstoff verabreicht, der die Funktion des Testosterons blockierte, was zur Folge hatte, dass die kleinen Vögel ihre verbrühten Füße nun viel schneller aus dem heißen Wasser zogen als zuvor. Man konnte somit nachweisen, dass Testosteron Einfluss auf die Schmerzempfindlichkeit hat. Und das Spatzenvolk hat einen wirklich sinnvollen Beitrag für die Forschung und zum Wohle der Menschheit leisten dürfen, ohne dass auch nur eines der Tiere dafür sterben musste.

Zum Abschluss dieses Themas sei mit einer kurzen Anekdote darauf aufmerksam gemacht, dass es aber durchaus noch andere Möglichkeiten gibt, wie der Spatz der menschlichen Gesundheit zuträglich sein kann.[84] Zu Beginn des 19. Jahrhundert lebte in Paris in einem Spital ein Invalide, der eines Tages irgendwoher einen Nestling bekam. Da der Vogel seine einzige Unterhaltung war, widmete sich der Mann sehr ausgiebig dessen Erziehung und der Spatz wurde bald zahm. Irgendwann entschloss er sich, den Vogel frei zu lassen, legte ihm zuvor aber ein Halsband mit einer kleinen Schelle an. Der Spatz flog nun morgens davon, kehrte aber abends stets zurück. Wenn der Kranke bettlägerig war, blieb der Vogel an seinem Lager, bis der Mann sich wieder erholt hatte. Dabei schmiegte er sich an den Kranken und zwitscherte auf eine besondere Weise, wie er es nur tat, wenn der Mann in gesundheitlicher Gefahr zu sein schien. Eines Tages wurde der Vogel von einem anderen Spitalbewohner gefangen und seiner Schelle beraubt. Er konnte sich zwei Tage später wieder befreien und flog zu seinem Invaliden zurück, doch war er niedergeschlagen und mochte nicht fressen. Erst nachdem sein Freund ihm eine neue Schelle besorgt hatte, war der Spatz wieder munter und fraß mit gutem Appetit. Und so lebten die beiden noch viele Jahre miteinander.

Spätzle und Federweißer

Vierzig Sperlinge geben noch keine Pastete.
Tuti Nameh: Das Papageienbuch

Nun hat sich der Sperling also wider Erwarten nicht nur als schädlich, sondern in vielerlei Hinsicht auch als nützlich erwiesen. Aber ein ganz wichtiger Nutzen, den er für uns Menschen hat, wurde bisher noch nicht erwähnt: Sein Wert als Nahrungsmittel.

In unserer westlichen Welt mag das etwas befremdlich klingen, doch der kleine Vogel galt und gilt auf diesem Planeten durchaus als genießbares Lebensmittel. Obwohl: Was wäre der Spatz ohne Widersprüche. Oder besser: was wäre der Mensch ohne widersprüchliche Ansichten über unseren kleinen Vogel. Und so ist es nicht verwunderlich, dass sich auch hinsichtlich seiner Genießbarkeit die Geister scheiden und jeder eine andere Vorstellung vom Wert des Spatzen in der Küche hat.

Im Jahre 1730 schrieb ein anonymer Autor: „*sein Fleisch ist grob und ungesund* […] *und wird deshalb gar vor unbrauchbar gehalten*“[85]. Die *Naturgeschichte des Sperlings teutscher Nation* wurde knapp vierzig Jahre später noch etwas ausführlicher und wusste recht bemerkenswerte Dinge über ihn zu berichten: „*Den Sperling, so gefräßig er ist, macht seine Speise doch nicht fett, er erhält nur sein Leben dadurch. Gesetzt aber, er nähme zu, und würde endlich so fett, wie die Leipziger Lerchen, so kann er doch, aus verschiedenen Ursachen nicht gegessen werden, denn einmal frißt er nicht nur Raupen* […], *sondern auch wirkliches Aas, und wird daher eckelhaft. Sein Fleisch ist auch warmer und trockener Natur; es erhitzt also und trocknet aus, daher diejenigen, so es zu genießen belieben, ein verdorbenes Geblüt, Verstopfungen des Leibes, und endlich die Dörrsucht bekommen.*“[86] Zugegeben, das klingt wirklich nicht sehr verlockend. Zedlers Universal-Lexikon von 1743 schrieb hingegen: „*das Sperlingsfleisch ist nicht unangenehm, daher sie bey den Alten, und noch heut zu Tage nicht nur gegessen, sondern auch von einigen vor ein Leckerbißlein gehalten werden*".[87] Ein anderer Autor sah das im Jahre 1873 dagegen etwas differenzierter und meinte: „*Da sein Fleisch schmackhaft ist, so muß er mit seinem Leibe nun büßen, was er selbst und die anderen durch ihre Genußsucht verbrochen. Bei uns läßt man im Allgemeinen die Sperlinge ruhig gewähren, nicht aber bei den Franzmännern, denen ebenso wie den Spatzen nichts heilig ist.*"[88] Bemerkenswert, wie es dem Verfasser gelungen ist, die Schmackhaftigkeit des Spatzen zu politisieren!

Wenn sich auch einige Autoren dagegen aussprachen, im Großen und Ganzen wurde unser Vogel als genießbar befunden und sogar schon von den alten Römern verzehrt. Diese ließen sich mit Vorliebe gebratene Spatzen schmecken, die nach mediterraner Sitte mit Kreuzkümmel, Koriander und Thymian gewürzt wurden. Auch im Mittelalter und in der Frühen Neuzeit war der Verzehr der Vögel üblich, wurde mit der Zeit aber zunehmend verpönt und galt spätestens seit dem 19. Jahrhundert im Großen und Ganzen als Arme-Leute-Essen. Das hatte wohl in erster Linie damit zu tun, dass an einem Sperling nicht viel dran war. Die *Naturgeschichte des Sperlings teutscher Nation* berichtet, dass das Gewicht des Vogels gerupft und ohne Eingeweide kaum eine Unze ergibt, was ungefähr 30

Gramm sind. Wenn man Knochen, Beine und Schnabel abzieht, bleibt vermutlich wenig mehr als eine flüchtige Geschmacksnote übrig, aber vielleicht hat man das zarte Gebein ja einfach mitgegessen. Es ist also kein Wunder, dass sich kaum jemand die Mühe machen wollte, die Spatzen zuzubereiten, es sei denn als ausgesuchte Delikatesse oder aus der Not heraus.

Trotz aller Miesmacherei erfreuten sich die Vögelchen in einigen Gegenden aber weiterhin kulinarischer Beliebtheit. In Uplengen in Ostfriesland beispielsweise sind sie noch im 19. Jahrhundert von den Kindern mit Pfeil und Bogen geschossen worden. Dann wurden sie gerupft, mit Lehm bestrichen und in heißer Asche gegart. Anschließend klopfte man den Lehm ab, entfernte die Innereien und ließ sich das, was übrig geblieben war, schmecken.[89]

Das *Pfennig-Magazin für Verbreitung gemeinnütziger Kenntnisse* berichtete 1839 in einer Ausgabe ausführlich über unseren Vogel und gab den wertvollen Hinweis, dass man Spatzen mit in Milch eingeweichter Hirse und Semmel mästen sollte. Die Tiere würden dadurch fetter und außerdem schmackhafter.[90] Fürwahr: Wer bereit war, die Vögel zu fangen oder zu züchten und dann noch mit wertvollen Lebensmitteln zu füttern, der muss eine ganz spezielle kulinarische Vorliebe für die kleinen Sperlinge gehabt haben. Es wäre interessant zu erfahren, wie viele Leser dem Ratschlag der Zeitschrift gefolgt sind.

Wie beliebt der Verzehr der Vögel mancherorts war, zeigt sich besonders deutlich am Beispiel der Stadt Gossau im Kanton St. Gallen. Dort hat früher sogar alljährlich ein sogenannter „Spatzenball" stattgefunden, auf dem jeder Teilnehmer ein Dutzend Sperlinge abgeben musste, die dann in aller Behaglichkeit gemeinsam verzehrt wurden.[91]

Diese Sperlingsfalle überlebt mit Sicherheit kein Vogel

Für die Vögel war ihre kulinarische Beliebtheit natürlich wenig erfreulich, schließlich bezahlten sie diese üblicherweise mit dem Leben. Doch zum Glück geschehen immer wieder Zeichen und Wunder und so sollen zu Beginn des 19. Jahrhunderts einige Vögel die Prozedur der Zubereitung unglaublicherweise überlebt haben. Einem Mönch in Rom war es offenbar gelungen, bereits gebratene Sperlinge wieder zum Leben zu erwecken, was so bemerkenswert war, dass er im Juni 1825 dafür von der Kirche selig gesprochen wurde.[92] So berichtete jedenfalls kurze Zeit später ein *Unterhaltungsblatt für Welt- und Menschenkunde* aus Aarau und es gibt keinen triftigen Grund, an der Glaubhaftigkeit dieses Berichtes zu zweifeln.

Abgesehen davon kennen wir ja tatsächlich einige Spatzengerichte, die für die kleinen Vögel vollkommen ungefährlich sind, weil sie nur namentlich mit ihnen zu tun haben.
Die bekanntesten „falschen" Spatzen dürften bei uns wohl die schwäbischen Spätzle sein, eine spezielle Sorte von Eierteigwaren, die ihre Namen angeblich ihrer klumpigen Form verdanken, was aber nur schwer nachvollziehbar ist. Sie waren schon im 18. Jahrhundert als „Wasserspatzen" bekannt, was die Herkunft der Bezeichnung jedoch auch nicht näher erklärt. Eher lässt sich vermuten, dass der Name entstanden ist, weil Spätzle früher ein Arme-Leute-Essen waren. Das würde jedenfalls der allgemeinen Geringschätzung des echten Spatzen entsprechen. In den Gefängnissen wurden früher übrigens die Fleischportionen als Spatz oder Sperling bezeichnet. Als August Bebel am Ende seines Lebens seine Memoiren verfasste, berichtete er, dass er während seiner Haft im Gefängnis Berlin-

Plötzensee im Jahre 1877 *„dreimal in der Woche zu Mittag einen Teller wirklich gute Fleischbrühsuppe* [bekam], *einen Sperling Fleisch, das auf ein spitzes Holzstäbchen gespießt war, da man Messer und Gabel dem Gefangenen nicht anvertraut, und Kartoffeln und Gemüse. Die Bezeichnung Sperling rührte daher, daß das Stückchen Fleisch nach Form und Größe einem gerupften Sperling ähnlich sah.*“[93] Allerdings handelte es sich bei dieser üppigen Kost keineswegs um die übliche Gefängnisversorgung. Erst nachdem Bebel wegen der miserablen Verpflegung unmäßig an Gewicht verloren hatte, wurde ihm vom Arzt diese Spezialkost verordnet. Der „Sperling“, den er dreimal die Woche bekam, stellte also eine nahezu unerhörte Delikatesse dar. Aber nicht nur die Gefängnisküche kannte das wegen seiner überschaubaren Größe als Spatz oder Sperling bezeichnete Fleischstück. Dass es eine *Suppe mit Spatz nach Art der Schweizer Armee* gibt, legt den Verdacht nahe, dass auch die militärische Versorgung nicht immer und überall üppig war.

In Tschechien gibt es ein klassisches Nationalgericht mit dem schönen Namen *Moravský vrabec s chlupatými knedlíky a zelím*, was soviel wie *Mährischer Spatz mit Knödeln und Sauerkraut* heißt. Hier war der „Spatz“ ursprünglich ein winziges Stückchen Schweinefleisch. Heutzutage muss der Restaurantbesucher in Tschechien aber keine Sorge mehr haben hungrig zu bleiben, wenn er eine Portion *Mährischer Spatz* bestellt, da er einen ganzer Berg „Spatzen“ bekommen wird.

Doch muss man gerecht bleiben und auch erwähnen, dass nicht alle „falschen“ Spatzen auf den europäischen Speisekarten ihren Namen aus Missachtung erhielten. In Italien gibt es beispielsweise eine Nudelsorte namens *Lingue di Passero*, auf Deutsch: Spatzenzungen. Diese Bandnudeln verdanken ihre Bezeichnung ihrer im Querschnitt leicht gewölbten Form, die angeblich an die Zungen von Sperlingen erinnert. Woher die Italiener so genau wussten, wie diese winzigen Körperteile der Vögel aussehen, bleibt jedoch offen.
Auch in Deutschland gab und gibt es spätzische Spezialitäten, die ihre Bezeichnung nicht aus Geringschätzung erhalten haben. So züchtete man 1958 in der DDR eine Kartoffelsorte, der man den Namen Spatz gab und die gegen den Kartoffelkrebs resistent war. Die Sorte wurde auch großflächig angebaut, doch stellte sich bald heraus, dass sie bei Beschädigung sehr schnell faulte, weshalb sie ebenso schnell wieder aus dem Verkehr gezogen wurde. Die Spatz-Kartoffel war somit zwar kein Erfolg, aber immerhin gut gemeint.
Wesentlich erfolgreicher dagegen ist ein Brötchen mit dem Namen Ulmer Laugenspatz, das in der gleichnamigen Stadt erhältlich ist. Diese Bezeichnung ist dort aber wenig bemerkenswert, denn da der Vogel das Wahrzeichen der Stadt ist, findet man dort Spatzen in allen Formen, Varianten und Geschmacksrichtungen. Weshalb das Vögelchen zum Symbol der Stadt wurde, lässt sich einer Sage über die Errichtung des Münsters

entnehmen. Für den Bau der Kirche hatten die Ulmer einst einen Balken herangeschafft, der aber so groß war, dass sie ihn nicht durch das Stadttor bringen konnten. Sie waren so ratlos, dass sie schon das Tor einreißen wollten. Da beobachteten sie einen Spatzen mit einem Zweig im Schnabel, der diesen längs durchs Tor trug, was sie auf die clevere Idee brachte, es mit dem Balken ebenso zu versuchen, was auch gelang. Die Ulmer waren von der Klugheit des Vogels dermaßen beeindruckt, dass sie ihn kurzerhand zum Helden ihrer Stadt ernannten. Ihm zu Ehren brachten sie auf dem Münster sogar eine Spatzenfigur an, die dort heute noch zu bewundern ist.

Nun möchte man annehmen, dass für unseren Vogel spätestens seit dem 20. Jahrhundert aus kulinarischer Sicht keine Gefahr mehr droht und der Verzehr von Spatzen, abgesehen von den „falschen" Vögeln, heutzutage obsolet ist. Tatsächlich wurde der Vogel in Europa im letzten Jahrhundert meist nur noch in Notzeiten als Nahrungsmittel getötet. In den ersten Jahren nach dem Zweiten Weltkrieg hat wohl so manche Familie die knapp bemessenen Lebensmittelrationen mit Spatzenbraten angereichert, aber im Großen und Ganzen galt die Verwertung des Vogels in der Küche inzwischen als verpönt und sicherlich hatten die Vogelschutzgesetze auch einigen Anteil daran. Jedenfalls boten selbst die Kriegskochbücher, die vor allem in den Jahren des Ersten Weltkrieges beliebt waren, keine echten Spatzenrezepte an. Dort finden sich zwar *Leberspatzen in Brühe* und *Reisspätzle mit grüner Tunke*, doch die Verwertung echter Sperlinge kam offenbar nicht mehr in Frage.

Dies bedeutet aber nicht, dass der Spatz heute vor lukullischer Verfolgung sicher ist. Denn außerhalb Europas, insbesondere in Ostasien, gilt er nicht nur als genießbar, sondern sogar als beliebter Speisevogel. Nahezu an jeder Ecke werden dort gedünstete, frittierte, gegrillte und gebratene Spatzen angeboten. Ob in Vietnam, Myanmar, Japan oder China: Fast überall werden die kleinen Vögel als deliziöse Snacks angepriesen. Und mit etwas Glück bekommt man sogar besonders raffiniert zubereitete Sperlinge, wie etwa in Kambodscha, wo mit Bohnenpaste gefüllte Vögelchen feilgeboten werden.

Dass nicht nur Spatzen als Opfer kulinarischer Vorlieben in den Kochtöpfen der Welt enden, muss eigentlich nicht erwähnt werden – wird es der Vollständigkeit halber aber doch. Tatsächlich werden in zahlreichen Gegenden so ziemlich alle Vögel gefangen, derer man habhaft werden kann. Äußerst effektiv und daher auch sehr beliebt ist das Fangen von Zugvögeln mit Netzen oder Leimruten, und das nicht nur in fernen, exotischen Ländern, sondern trotz aller Vogelschutzgesetze und Verbote auch in Südeuropa und Nordafrika. Laut einer Studie von BirdLife gehen den dortigen Fängern jährlich ca. 25 Millionen Vögel in die Netze bzw. auf den Leim.[94] Dabei sind die Tiere keineswegs für den Eigenverzehr gedacht. Stattdessen werden sie für gutes Geld vor allem in die Golfstaaten exportiert, wo sie seit Jahren als Delikatessen immer beliebter werden. Aber natürlich ist der Beliebtheitsgrad der einzelnen Vogelarten sehr unterschiedlich. Am teuersten sind erwartungsgemäß die Greifvögel, die gut und gerne einige Tausend Euro einbringen. Für eine Spießente bekommt der Fänger immerhin noch 10 Euro und eine Taube bringt etwa 3,50 Euro. Und unser kleiner Sperling? Im Grunde ahnen wir es schon, aber es soll doch noch einmal ausgesprochen werden: Er ist der wertloseste unter den Vögeln und bringt gerade einmal 10 Cent in die Kasse des Vogelfängers.

Fliegender Spatz von Giovanni da Udine (um 1515)

6. Die große Flatter

Der Sperling sitzt auf dem Gebäude -
doch ohne sonderliche Freude.
Christian Morgenstern

Berlin im Mai 2016. Die Lokalseiten der Zeitungen kennen derzeit nur ein Thema: Im Zentrum der Stadt wird der Abriss eines Plattenbaus gestoppt. Die Empörung ist groß, welch ein Skandal! Die Zeitungsberichte überschlagen sich, denn das Gebäude ist kaum 25 Jahre alt und soll nun einer Anlage mit Luxusappartments weichen, die den Investoren viel Geld einbringen. Doch der Grund für die Unterbrechung der Abrissarbeiten ist ein gänzlich anderer: In dem maroden Bauwerk nisten Spatzen. Es muss wohl erwähnt werden, dass der Haussperling seit einigen Jahren auf der Liste der bedrohten Arten Deutschlands steht und deshalb Brutschutz hat. Über die Gefährdung des kleinen Vogels regen sich die einschlägigen Gazetten allerdings nicht auf. Nur eine der Zeitungen hält auch die betroffenen Vögel für nennenswert und zeigt sich entrüstet. Allerdings vor allem darüber, dass sich die Bauarbeiten verzögern, weil in den Ruinen ein paar ordinäre Spatzen nisten, von denen Berlin doch mehr als genug hat. Positiv kommt der kleine Vogel jedenfalls in keinem der Berichte weg. Hat sich also bis heu-

te nichts geändert an unserem Bild über den Spatzen? In Franken und Bayern gibt es einen jahrhundertealten Familienverband, der den Namen Spatz trägt. 1926 verfasste ein Mitglied dieser altehrwürdigen Familie, ein Mann namens Karl Martell Spatz, ein Geschlechterbuch, in dem er die Familiengeschichte seit dem Mittelalter rekonstruierte.[95] Ihm war die Möglichkeit, dass sein Familienname von dem kleinen Vogel herrühren könnte, jedoch so unangenehm, dass er stattdessen eine etwas andere Namensherkunft postulierte. Karl Martell erklärte, der Name Spatz würde sich mitnichten von dem Vogel, sondern von dem altgermanischen Begriff „Spado“ herleiten, was soviel wie „Schwert“ heißt – eine Bedeutung, die auch viel besser zu seinem kriegerischen Vornamen passt.[96] Und er sah wohl auch keinen Widerspruch darin, dass im Wappen einiger Familienzweige eindeutig ein Vogel abgebildet ist.
Dieses Beispiel ist in erster Linie ein Beleg dafür, dass der Sperling auch noch im 20. Jahrhundert einen so schlechten Ruf hatte, dass die Menschen sich in der Regel bemühten, jeden Bezug zu ihm zu vermeiden oder gar zu verleugnen. Aber trotz aller althergekommener Vorurteile ist unser Bild vom Sperling im vergangenen Jahrhundert letztlich doch ein klein wenig positiver geworden. Sicher, er gilt immer noch als lästig, aber immerhin wird er inzwischen auch mit Begriffen wie putzig oder niedlich belegt. Besonders

deutlich ist der Sinneswandel daran erkennbar, dass heute jede zweite KiTa das Wort Spatz im Namen trägt. Lustige Spatzen, freche Spatzen, Dreckspatzen, oder Spatzenkinder – die Vögel erfreuen sich bei KiTa-Gründern größter Beliebtheit.
Auch hat man inzwischen das Potential des Vogels als Werbeträger erkannt, und was sich vermarkten lässt, kann ja nach heutigen gesellschaftlichen Maßstäben keinesfalls schlecht sein. Über die Kartoffelsorte und das Kofferradio namens Spatz, den Ulmer Spatz und die verschiedenen Spatzenchöre ist bereits berichtet worden. Es gibt selbstverständlich noch weitere Produkte, die nach unserem Vogel benannt wurden, wie etwa ein Auto der Marke BAW oder ein Motorrad von Simson. Vermutlich wird er niemals zum Inbegriff für Sauberkeit werden, so wie andere Vögel, man denke nur an die Dove-Seife, Elsterglanz oder die WC-Ente. Aber anscheinend hat er andere vorzeigbare Eigenschaften. So wird alljährlich der beste deutsche Kinderfilm mit dem renommierten „Goldenen Spatz“ ausgezeichnet und nicht zuletzt gibt es die Figur des frechen, lästigen, aber sympathischen Piraten Jack Sparrow aus dem Film „Fluch der Karibik“.
Der kleine Vogel hat also eindeutig an Ansehen gewonnen. Inzwischen gilt er auch nicht mehr als unbeliebtester Kulturfolger des Menschen. Diesen Rang nimmt jetzt die Taube ein, die vornehmlich mit Krankheit, Lärm und Dreck in Verbindung gebracht

wird und als eklig gilt, weil sie sich von Unrat ernährt und selbst in Erbrochenem herum pickt.
Im September 1987 führten die Bundeswehr und die französische Armee in Süddeutschland eine gemeinsame militärische Übung durch, in der sie eine Panzerschlacht gegen mögliche Invasionstruppen des Warschauer Paktes simulierten. Die Übung erhielt offiziell die schöne Bezeichnung „Kecker Spatz 87" – am Ende des 20. Jahrhunderts machte man den kleinen Vogel sogar zum Sinnbild des militärischen Erfolgs! Das ist doch wirklich ein bemerkenswerter Imagezuwachs. Und nicht zuletzt hat auch der NABU, der Naturschutzbund, seine Meinung über den Spatzen geändert. 1965 bot er für die Winterfütterung noch Futterhäuschen an, die ausdrücklich so konstruiert waren, dass sie Sperlinge ausschlossen. Sie trugen programmatische Namen wie „Antispatz", Kontraspatz" und „Spatznit" und wurden fleißig beworben. Irgendwann aber fand ein Sinneswandel statt und diese speziellen Futterplätze wurden aus dem Programm genommen. Und im Jahre 2002 wählte der NABU den Haussperling sogar zum Vogel des Jahres.[97] Das tat der Naturschutzbund aber keineswegs nur, weil er plötzlich Sympathien für den Spatz entwickelte, sondern man stellte fest, dass die Bestände der Sperlinge in den letzten Jahren immer drastischer zurückgegangen waren. Und dies war auch der Grund, weshalb der Vogel auf die rote Liste

der bedrohten Arten gesetzt und unter Brutschutz gestellt wurde.

Wie aber konnte es sein, dass dieser Allerweltsvogel, der sich bis in die entlegensten Ecken der Welt ausgebreitet hat, der an jeder Straßenecke anzutreffen ist und der sich so perfekt an die Lebensbedingungen in den Städten anpasst, plötzlich in seiner Existenz bedroht sein sollte?
Die Sperlingspopulationen hatten zuletzt Anfang des 20. Jahrhunderts stark abgenommen, was sich in erster Linie auf das Verschwinden der Pferde aus dem Alltag der Menschen zurückführen lässt. Der unverdaute Hafer im damals auf jeder Straße präsenten Pferdemist stellte eine der Hauptnahrungsquellen für die Vögel dar, die mit der zunehmenden Motorisierung der Landwirtschaft und des Verkehrs verschwand. Nach dem Zweiten Weltkrieg aber stabilisierten sich die Sperlingsbestände für mehrere Jahrzehnte wieder. Selbstverständlich waren die Vögel auch in diesen Jahren zahlreichen Gefahren ausgesetzt. Ihre natürlichen Feinde beispielsweise sind nach wie vor eine Herausforderung für die kleinen Spatzen. Katzen, Krähen, Raben, Füchse und alle anderen Jäger reißen immer wieder Lücken in ihre Reihen, aber sie stellen keineswegs eine Bedrohung für ganze Populationen dar.
Es gibt auch ungewöhnliche Gefahren. Einem Bericht zufolge ist ein Spatz einmal von einer Hornisse

getötet worden und in einem anderen Fall wurde ein Sperling von mehreren Schwalben attackiert und gelyncht. Auch Unwetter können den Vögeln zum Verhängnis werden. Bei einem schweren Sturm wurde in Freiburg im Jahre 1958 ein Storchennest von einem 33 Meter hohen Schornstein gerissen. Dabei kam nicht nur der Storch zu Tode, sondern das schwere Nest begrub auch zwölf Sperlinge unter sich, „*darunter eine Spatzenfamilie mit vier Jungen*", wie die Badische Zeitung berichtete.[98]

Öfter als man annehmen möchte, kommt es auch bei Sportveranstaltungen zu gefiederten Todesopfern. So ist im Jahre 1936 in London ein Sperling während eines Spiels von einem Cricketball erschlagen worden – heute ziert der ausgestopfte Vogel zur Erinnerung an das Ereignis das Vereinshaus des Marylebone Cricket Clubs. Ballspiele jeglicher Art sind für Vögel besonders gefährlich. 2009 „erschoss" der argentinische Fußballspieler Gaston Aguirre bei einem Erstligaspiel eine Taube. 2002 wurde in einem Halbfinalspiel der Australian Open eine Mehlschwalbe von einem Tennisball des Franzosen Michael Llodra erschlagen und 2011 fiel bei einem Training der gleichen Veranstaltung ein weiterer Vogel einem Aufschlag des Spielers James Murray zum Opfer.

All diese tragischen Ereignisse sind zwar höchst unerfreulich, aber gefährden nicht die Sperlingsbestände. Dennoch gehen die Populationen seit den 1970er

Jahren stark zurück. Die Gründe dafür sind zahlreich und alle – welche Überraschung – auf menschliche Eingriffe in die Natur zurückzuführen.
In den Städten wirken sich die Errichtung von Plattenbauten und damit der Verlust von Nistplätzen, die Versiegelung der Böden sowie Unfälle im Straßenverkehr stark auf die Bestandszahlen aus. Doch vor allem gibt es die unsichtbaren Gefahren. Dem britischen Spatzenexperten Denis Summers-Smith zufolge sind zwei Bestandteile von bleifreiem Benzin maßgeblich für das Spatzensterben verantwortlich: Benzol und MTBE (Methyl-Tertiär-Butyl-Äther). Seit 1988 in Großbritannien das bleifreie Benzin eingeführt wurde, geht die Zahl der Spatzen in den dortigen Großstädten auffällig zurück: Der Zusammenhang scheint offensichtlich. Und es gibt natürlich die Einflüsse von Pestiziden. Abgesehen davon, dass durch den Einsatz der Mittel das Insektenangebot stark reduziert und den Vögeln damit eine wichtige Nahrungsgrundlage genommen wurde, haben die Gifte auch langfristige Nachwirkungen.
In Polen wurden 1988 die Gehirne von Spatzennestlingen aus einem Dorf nahe Warschau untersucht. In den Gehirnen der kleinen Vögel (die einen ruhmreichen Tod für die wissenschaftliche Forschung starben) fanden sich massive Kontaminierungen mit DDT. Bemerkenswert ist daran, dass DDT in Polen schon 1974, also 14 Jahre zuvor, verboten worden ist.

Die in den Spatzenhirnen festgestellten Mengen aber waren so groß, dass sie die Entwicklung der Vögel nicht nur eindeutig beeinträchtigten, sondern sogar zum Tode führen konnten.[99] Knapp 10 Jahre später wurden weitere Studien durchgeführt und man stellte fest, dass die Mengen an DDT noch immer signifikant waren.

Es lässt sich schwer abschätzen, wie groß der Einfluss der Umweltgifte auf die Vogelbestände tatsächlich ist, aber es ist nicht zu übersehen, dass die Zahl der Spatzen in Europa in den letzten Jahrzehnten deutlich abgenommen hat. Leider gibt es immer nur grobe Schätzungen und die Entwicklungen sind in den einzelnen Regionen sehr unterschiedlich. So sind in Dänemark die Bestände von Mitte der 1970er bis Mitte der 1980er Jahre um etwa 50% zurück gegangen und in Baden-Württemberg verringerten sich die Populationen in den 1980er Jahren um ca. 22%, während sie in Bayern hingegen weitgehend stabil blieben. Unter Berücksichtigung aller Schwankungen geht man heute davon aus, dass die Zahl der Haussperlinge jährlich um ca. 1 bis 3% abnimmt.[100]

Bei einem Bestand von schätzungsweise 3,5 bis 5 Millionen Brutpaaren in Deutschland erscheint das nicht weiter dramatisch. Überhaupt ist es für uns Menschen schwierig, mit so hohen Zahlen eine konkrete Vorstellung zu verbinden. Alle Zahlen, die mehr als fünfstellig sind, muten uns abstrakt an und werden von den meisten Menschen einfach pauschal unter dem Begriff „viel“ zusammengefasst, egal ob sie sechs- zwölf- oder hundertstellig sind. Von den Galapagossperlingen auf den gleichnamigen Inseln gibt es nur noch zehn Exemplare: Das ist eine fassbare Zahl, die eindeutig aussagt, dass diese Tierart akut vom Aussterben bedroht ist. Aber dass mehrere Millionen fröhlich tschilpender Spatzen auf unserem Planeten als bedroht gelten, erscheint absurd.

Ein Sperlingsflüsterer im Jardin des Tuileries in Paris (1905)

Übrigens gibt es etwa doppelt so viele Buchfinken, Amseln und Kohlmeisen in Deutschland wie Haussperlinge. Und die Zahl der Rotkehlchen und Mönchsgrasmücken ist etwa genauso groß wie die der Spatzen. Doch keine der genannten Arten wirkt auf uns so allgegenwärtig wie die der Sperlinge, weil sie immer in unserer Nähe sind, überall sichtbar und ohne Scheu. Und sie halten sich oft in Gruppen auf dem Boden auf und fallen uns dadurch noch stärker auf, während sich die Kohlmeisen über uns in den Bäumen verstecken. Und wer kennt eigentlich die Mönchsgrasmücke?

Und so ist und bleibt der Spatz für uns weiterhin ein überall präsenter, gewöhnlicher und deshalb uninteressanter sowie notgedrungen geduldeter Mitbewohner. Wegen seiner Beliebigkeit schien er für die vorliegenden Betrachtungen besonders geeignet zu sein, aber im Grunde hätte die Wahl auch auf jedes andere Tier fallen können. Letztlich gibt es wohl kaum ein Wirbeltier, dem wir im Laufe unserer Kulturgeschichte keine menschlichen Eigenschaften angedichtet haben und das eine oder andere haben wir ähnlich ambivalent als nützlich oder schädlich eingestuft und entsprechend bewertet wie den Sperling. Demnach hätte die Wahl auch auf die Krähe, Taube oder Ratte, den Storch, Bär oder Maulwurf fallen können. Man nehme nur den erwähnten Maulwurf: Er ist ein Gartenschädling par excellence, aber in der Volksmedizin galt er als sehr nützlich und beliebt. Geröstet und geraspelt konnte er gegen alle möglichen Krankheiten eingesetzt werden und aus seinem

Fell wurden Taschen zur Aufbewahrung für den Glückspfennig genäht, was dem Träger zu Reichtum verhelfen sollte.
Selbstverständlich würden wir solchen absurden Vorstellungen inzwischen keinen Glauben mehr schenken. Wir halten uns heute für viel aufgeklärter als früher. Doch sind wir das wirklich? Ist es nicht eher so, dass wir nur einfach viel weniger Bezug zur Natur und zu den Tieren haben und sie deshalb nur noch selten in unsere Kultur einbinden? Die frei lebenden Tiere bedeuten uns nichts mehr, wir haben keine Beziehung zu ihnen und deshalb nehmen wir sie nicht mehr wahr und ignorieren sie. Daher gilt die Eule heutzutage kaum noch als Sinnbild für Weisheit, sondern ist zur niedlichen Dekofigur auf Kissenbezügen und Teetassen geworden. Das kraftvolle Pferd ist höchstens noch als Spielfigur für kleine Mädchen mit Prinzessinnenträumen von Interesse. Der schlaue Fuchs ist zum armseligen Streuner verkommen und der dumme Esel – den kennt im Grunde kaum noch jemand, da es Esel bei uns so gut wie nicht mehr gibt.
Während wir früher die Tiere, Bäume, Berge und Flüsse viel mehr in unsere Kultur eingebunden und Bezüge zu ihnen hergestellt haben, beziehen wir uns heutzutage fast nur noch auf uns selbst. Wir erschaffen virtuelle menschliche Sinnbilder und Helden, beten menschliche Markenprodukte an und bewundern menschliche architektonische Meisterleistungen. Alle

Bezüge sind auf uns selbst gerichtet. Hinsichtlich ihrer Nützlichkeit oder Schädlichkeit sind die Tiere für uns auch weiterhin von Interesse, daran hat sich im Laufe der Jahrhunderte nichts geändert. Doch als allegorische Figuren oder gar bewunderte Vorbilder gelten sie nicht mehr.

Für den Spatz bedeutet diese Entwicklung, dass er beliebig geblieben, aber gleichzeitig egal geworden ist. Seine Funktion als Metapher für alle möglichen menschlichen Eigenschaften hat sich weitgehend verloren. Das ließe sich als Fortschritt der Vernunft bezeichnen, vielleicht aber auch als Verarmung der Phantasie, Entfremdung von der Umwelt, zunehmenden Anthropozentrismus oder einfach als Hybris – der Blickwinkel liegt dabei ganz im Ermessen des Betrachters.

7. Passer domesticus: Der wirkliche Spatz

Das Beste, was wir auf der Welt tun können, ist Gutes tun, fröhlich sein, und die Spatzen pfeifen lassen.
Don Bosco

Nun wurde so viel über den Spatz geschrieben, aber ist denn überhaupt etwas über den Vogel selbst gesagt geworden? Leider kaum. Hauptsächlich wurde eine ganze Menge über uns Menschen erzählt, über die Hauptfigur dieses kleinen Buches aber wissen wir trotz vieler Worte noch immer so gut wie nichts.

Damit der echte Vogel Spatz nicht völlig unbeachtet bleibt, folgen nun zu guter Letzt einige Daten und Fakten, die von ernsthaft an unserem kleinen Vogel interessierten Menschen mit viel wissenschaftlicher Akribie zusammengetragen wurden und wiedergeben sollen, wie er wirklich ist. Oder besser: Was wir Menschen derzeit darüber zu wissen glauben, wie er wirklich ist. Auch wenn unser Wissensstand bei näherer Betrachtung recht dürftig ist und wir alles durch die Filter unserer menschlichen Wahrnehmung und Fähigkeiten (und damit ziemlich eingeschränkt) beurteilen – trotzdem glauben wir, dass unsere Kenntnisse über den Spatzen wahrhaftig, endgültig und einzig real sind. Vermutlich werden die nachfolgenden Angaben in ein paar Jahren inhaltlich recht veraltet sein und man wird fassungslos die Köpfe schütteln, wie dumm und unwissend wir Menschen doch einst waren. Nun denn, so sei es.[101]

Männlicher Haussperling

Kleine Vogelkunde des Spatzen

Allgemeines

Passer domesticus – der Haussperling – gehört zur Familie der Sperlinge (*Passeridae*), die wiederum zu den Singvögeln zählt und sich durch Besonderheiten des Zungenbaus und der Zungenmuskulatur auszeichnet. Zu dieser Familie werden insgesamt elf Gattungen mit 48 Arten gerechnet.

Unser Haussperling gehört der Gattung *Passer* an, die ungefähr 30 Vogelarten umfasst. Wie viele es genau sind, lässt sich anscheinend nicht eindeutig bestimmen. So ist der taxonomische Status des Italiensperlings beispielsweise stark umstritten: Einige Forscher betrachten ihn als Unterart des Haussperlings, andere rechnen ihn zu den Weidensperlingen und dritte meinen, er wäre eine eigenständige Art. Auch die Verwandtschaft der Familie der *Passeridae* mit anderen Vogelfamilien ist ungeklärt. Früher wurde die Meinung vertreten, dass die Sperlinge eine Unterfamilie der afrikanischen Webervögel seien. Inzwischen hat man aber auch Verwandtschaften zu anderen Familien, wie etwa den Stelzen und den Piepern, festgestellt und ist der Ansicht, dass die Sperlinge ebenso wie diese eine eigene Familie darstellen.

Alle Sperlingsarten waren ursprünglich in Afrika und/oder Eurasien beheimatet. Vögel, die in Ameri-

ka und Australien vorkommen, wurden dort durch den Menschen eingeführt. Jüngeren Erkenntnissen zufolge stammten die ersten Sperlinge aus Afrika, wo auch heute noch 13 *Passer*-Arten leben, die ausschließlich auf diesen Kontinent beschränkt sind. Als älteste rezente *Passer*-Art gilt der Kapsperling (*Passer melanurus*), der im südlichen Afrika beheimatet ist.
Die Art *Passer domesticus*, also unser Haussperling, ist eng verwandt mit dem Feld- und dem Weidensperling, die beide in Europa vorkommen. Sie unterteilt sich selbst noch einmal in 13 Unterarten, die wiederum klar in zwei sogenannte Subspeziesgruppen aufgegliedert werden können: Eine der Gruppen ist größer, hat längere Flügel und einen kräftigeren Schnabel und kommt besonders im westlichen eurasischen Raum vor. Dieser Gruppe gehört auch unser mitteleuropäischer Haussperling an, der genau genommen *Passer domesticus domesticus* heißt.

Aussehen

Die verschiedenen Unterarten des *Passer domesticus* unterscheiden sich in Aussehen und Verhalten nur sehr geringfügig voneinander. Für ungeübte Augen sind die Abweichungen kaum wahrnehmbar, weshalb hier getrost ganz allgemein vom Haussperling gesprochen werden kann. Er ist ein kräftiger, gedrungener Vogel mit einem klobigen Schnabel, wiegt ca.

30 Gramm, ist 14 bis 16 Zentimeter groß und hat eine Flügellänge von 71 bis 82 Millimetern. Die männlichen Tiere sind kontrastreich gefärbt und zeichnen sich durch eine schwarze und dunkelgraue Kehle und einen schwarzen Brustlatz aus. Letzterer kann im Herbst nach der Mauser von helleren Federrändern manchmal ganz verdeckt werden, doch nutzen sich diese später wieder ab. Der Scheitel ist bleigrau und wird vom Auge bis in den Nacken durch ein braunes Band eingefasst. Über und hinter dem Auge befindet sich ein kleiner weißer Strich, der Rücken ist braun und hat schwarze Längsstreifen. Die Flügel sind ebenso gefärbt und weisen eine weiße Flügelbinde auf. Der Schnabel ist im Frühjahr und Sommer schwarz, in den anderen Jahreszeiten aber hornbraun. Vögel, die in Industriegebieten und Stadtzentren leben, haben oft weniger kontrastreiche Farben, was auf die dortigen Luftverschmutzungen zurückgeführt wird.

Die weiblichen Haussperlinge sind weniger auffällig gefärbt, dafür aber sehr fein gezeichnet. Sie sind unscheinbar grau-braun und haben nicht die markante Kopf- und Brustfärbung der Männchen. Die Jungvögel sehen den Weibchen sehr ähnlich und erhalten erst nach der ersten Vollmauser das Aussehen der adulten Vögel. Alle Sperlinge absolvieren jährlich eine Vollmauser, die nach Beendigung der Brutzeit, d.h. in der Regel Ende Juli oder August, stattfindet.

Dabei wird ein kompletter Austausch des Federkleides vorgenommen. Nach vollendeter Mauser hat der Vogel etwa 3600 Federn, doch verliert er im Laufe eines Jahres etwa 10 Prozent von ihnen durch Streitigkeiten, Unfälle und ähnliche Widrigkeiten. Kurz vor der nächsten Mauser trägt er daher nur noch etwa 3200 Federn.

Verbreitung und Lebensraum

Passer domesticus ist nicht nur eine der bekanntesten, sondern auch eine der am weitesten verbreiteten Vogelarten der Welt. Da er sich als sogenannter Kulturfolger dem Lebensraum der Menschen angeschlossen hat, kommt er nahezu ausschließlich in von Menschen besiedelten Gebieten vor. Wie an anderer Stelle schon wortreich ausgeführt, verbreitete sich der Haussperling dank der tatkräftigen Unterstützung des Menschen auf allen Kontinenten und ist heutzutage nahezu überall anzutreffen. Lediglich in äußerst unwirtlichen Gegenden und dort, wo keine Menschen leben, ist der Vogel nicht ansässig geworden. Die enge Bindung des Sperlings an den Menschen wird besonders deutlich, wenn man die Populationen auf Helgoland betrachtet. Die Insel spielte während des Zweiten Weltkrieges als Marinestützpunkt eine strategisch wichtige Rolle, weshalb sie zum Ende des Krieges von der britischen Royal Air Force massiv bombardiert wurde. Die gesamte Inselbevölkerung musste fliehen und bis 1952 blieb Helgoland militärisches Sperrgebiet. Während der sieben Jahre, die Helgoland unbewohnt war, hielten sich auf der Insel auch keine Sperlinge auf. Erst mit der Wiederbesiedlung ab 1952 kamen auch die Spatzen zurück auf die Insel – und sind seither wieder kontinuierlich dort anzutreffen.

Der ideale Lebensraum der Haussperlinge umfasst sowohl Gebäudestrukturen als auch Vegetationsflächen. Gut geeignet sind daher Dorflagen, Stadtrandlagen oder Stadtzentren mit nahe gelegenen Grünflächen. Für die erfolgreiche Vermehrung müssen außerdem ganzjährig Sämereien und Getreideprodukte sowie Nistmöglichkeiten in Gebäuden, Bäumen oder Sträuchern vorhanden sein. Die jeweilige Siedlungsdichte der Vögel ist abhängig davon, in welchem Maße diese Voraussetzungen erfüllt werden. In dünn besiedelten ländlichen Gegenden finden sich daher eher lokale kleine Populationen im Umfeld von Einzelgehöften, während in Städten mit vielen kleineren Grünanlagen besonders viele Vögel anzutreffen sind. Allerdings gestaltet sich die Erfassung der Bestände in den Städten recht schwierig, weshalb es nur grobe Schätzwerte gibt.

Ernährung

Spatzen sind sehr gesellige und soziale Tiere. Viele ihrer Verhaltensweisen sind auf das Leben in der Gruppe ausgerichtet. Daher finden auch die Ruhepausen, die tägliche Hygiene und der Nahrungserwerb fast immer in geselligem Beisammensein statt. Die Aufnahme der Nahrung ist am effektivsten, wenn die Sperlinge in Trupps von etwa 20 Vögeln unterwegs sind. Grund dafür ist, dass die Vögel abwechselnd für die Sicherung der Gruppe sorgen müssen. Sind die Gruppen größer, kommt es häufiger zu Auseinandersetzungen, was die Nahrungsaufnahme behindert. Entdeckt ein Sperling eine Futterquelle, dann lockt er die anderen Vögel durch Rufe herbei und frisst selbst erst, wenn die Artgenossen da sind. Nur wenn er Nahrung findet, die nicht teilbar ist, wie beispielsweise eine Brotschnitte, dann verzehrt er diese allein. Der Aktionsradius eines nahrungssuchenden Spatzen liegt bei etwa 2 km und gefressen werden pflanzliche Produkte ebenso wie Insekten, wobei die vegetarische Nahrung deutlich überwiegt. Bevorzugt werden Getreidekörner und Wildsamen aufgenommen. Beim Erwerb von tierischer Beute ist der Vogel sehr einfallsreich: Wenn es sich anbietet, jagt er sie auf Acker- oder Rasenflächen, fängt die Beute auch mal in meterlangem Steilflug, zupft tote Insekten aus Spinnennetzen, sucht in den Kühlergrills parkender Autos nach verendeten Fliegen oder entfernt Raseneinfassungen, um an Ameisenpuppen zu gelangen. Gelegentlich wurden Spatzen auch schon beim Verzehr von kleinen Fischen, Fröschen oder Schlangen beobachtet und einem Bericht zufolge drangen einmal 15 Haussperlinge an einem Wochenende in ein Schlachthaus ein, fraßen dort ¾ kg Kalbsleber auf und pickten mehrere Rinderhälften an. Ein derartiges Fressverhalten ist aber äußerst selten. Wesentlich häufiger ist dagegen festzustellen, dass die Vögel kleine Sandpartikel und Schneckenschalen zu sich nehmen oder auch Putz und Mörtel von Hauswänden picken. Damit wird einerseits die Verdauung gefördert, andererseits werden dadurch Mineralstoffe aufgenommen.

Stimme und Verhaltensweisen

Für unsere Ohren klingt der Gesang der Spatzen eher monoton, strukturarm und primitiv aber wie an anderer Stelle schon erwähnt wurde, zeigen Sonogramme, dass die Struktur ihrer Gesänge mitnichten einfach ist. Vielmehr sind sie sehr variantenreich und kompliziert und lassen sogar individuelle und stimmungsabhängige Nuancen erkennen. Für uns Menschen sind sie jedoch nur mit Hilfe von speziellen Aufnahmegeräten erfassbar, da ihre Gesänge sich in Ultraschallfrequenzen bewegen, die schlichtweg außerhalb unseres menschlichen Wahrnehmungsbereiches liegen. Abgesehen davon könnten wir Menschen, wenn wir uns die Mühe machen und den Spatzen aufmerksam zuhören würden, auch in den wahrnehmbaren Lautäußerungen durchaus zahlreiche Variationen erkennen. Was wir für gewöhnlich als monotones, rhythmisches Tschilpen bezeichnen, sind in der Tat sehr mannigfaltige Lautäußerungen in unterschiedlichen Tonhöhen, die manchmal auch von Trillern und melodischen Gesangseinlagen begleitet werden. Haussperlinge sind zweifelsohne in der Lage, harmonische Melodien zu singen und immer wieder wird beobachtet, dass sie Stimmen von Amseln, Staren und Kanarienvögeln imitieren. Offenbar haben sie einfach kein Bedürfnis, Tonfolgen von sich zu geben, die für uns Menschen harmonisch klingen.

Spatzen pflegen sich hauptsächlich auf zweierlei Arten fortzubewegen: Sie fliegen und sie hüpfen. Vor allem das Herumhüpfen auf dem Boden ist eine charakteristische Eigenart dieses Vogels und es sind zahlreiche Legenden, Sagen und Anekdoten um dieses eigentümliche Verhalten geknüpft worden. Er läuft nicht wie andere Vögel, sondern springt wie ein Känguru mit beiden Beinen gleichzeitig auf dem Boden herum und kommt damit ziemlich gut voran. An Hauswänden oder in Zweigen benutzt er zwar manchmal die Füße um kleine Schritte zu machen, doch tut er das eher selten. Oft nimmt er dann auch andere Körperteile zur Hilfe: Beim Klettern an stei-

len Wänden stützt er sich gelegentlich mit dem Schwanzende oder sogar mit den Flügeln ab.
Der Spatz gilt als Kurzstrecken- und Kurzzeitflieger. Kurze Strecken fliegt er geradlinig und direkt. Distanzflüge aber absolviert er wellenförmig – diese Form des Wechsels zwischen Auffliegen mit antreibenden Flügelschlägen und anschließenden fallenden Gleitphasen gilt als kraftsparend. Auf diese Art kommen Haussperlinge normalerweise mit Geschwindigkeiten von 40-45 km/h voran, können aber durchaus auch 60 km/h erreichen.
Üblicherweise bewegen sich Spatzen auf die genannten Arten vorwärts, doch kommt es auch hin und wieder vor, dass ein Vogel ins Wasser fällt, was insbesondere jungen und noch nicht voll flugfähigen Tieren passieren kann. Bei solchen unerwünschten Wasserlandungen hat sich gezeigt, dass Spatzen auch in der Lage sind zu schwimmen. Das tun sie mit Hilfe ihrer Flügel und können so bis zu 30 m lange Distanzen überwinden.
Wenn Spatzen nicht mit dem Nahrungserwerb und der Fortpflanzung beschäftigt sind, dann widmen sie sich im Wesentlichen zwei Beschäftigungen: Sie putzen bzw. pflegen sich oder sie legen Ruhepausen ein. Das Putzverhalten der Haussperlinge erfolgt in der für Singvögel allgemein üblichen Weise, das heißt sie pflegen ihr Gefieder, kratzen und strecken sich, fetten sich ein und reinigen ihre Schnäbel. Abgesehen

davon baden sie gerne und ausgiebig das ganze Jahr über, auch im Winter an frostfreien Tagen. Am liebsten baden sie zur Mittagszeit. Erst tauchen sie vorsichtig den Kopf ins Wasser und drehen ihn schnell hin und her, dann werden nach und nach Brustgefieder und Schwanz benetzt, anschließend taucht der Körper immer tiefer ins Wasser und durch Schlagen mit den Flügeln wird zum Schluss auch das Rückengefieder nass. Nach dem Bad wird das Wasser durch Flügelschlagen wieder entfernt. Wie bei so vielem ist der kleine Vogel aber auch in seinem Badeverhalten sehr variantenreich. So folgen sie auch gerne einmal den Strahlen von Wassersprengern, suhlen sich in nassen Salatpflanzen oder lassen sich am Strand von kleinen Wellen überspülen. Wenn es sich anbietet, folgt auf das Wasser- noch ein Staubbad, das heißt sie springen in kleine Sandmulden und machen dort ähnliche Bewegungen wie im Wasser.

Mehrmals am Tag legen die Haussperlinge Ruhephasen ein, in denen sie sich in Gebüsche, Bäume oder Rankenpflanzen an Hauswänden zurückziehen. Dort versammeln sie sich in größeren Trupps und Schwärmen, putzen ihr Gefieder und kommunizieren oft lautstark. Nachts kommen sie zu größeren Schlafgemeinschaften zusammen, aber es gibt auch Phasen, in denen sich Tiere separieren und einzeln bzw. paarweise fressen und schlafen. Vor allem während der Brutzeit legen adulte Vögel ein deutlich verändertes Verhalten an den Tag.

Fortpflanzung

Am Ende des ersten Lebensjahres werden Haussperlinge geschlechtsreif und gehen auf Partnersuche. Die männlichen Tiere beginnen dann, um die Weibchen zu balzen, indem sie sich vor einem potentiellen Nistplatz platzieren, ihr Gefieder aufplustern und dabei laut piepsen. Gelegentlich tanzt das Männchen auch mit hängenden Flügeln und aufgestelltem Schwanz vor der gewünschten Partnerin umher. Zeigt ein Weibchen Interesse, wird demonstrativ mit trockenen Halmen im Schnabel der Nistplatz präsentiert. Sobald sie ihm in das Nest folgt, kommt der nächste Schritt: Das Männchen beginnt seinen eigentlichen Balzgesang – ein für unsere Ohren äußerst eintöniges und nervenaufreibendes Gepiepse, dass stundenlang andauern kann.

Natürlich ist das gesamte Balzritual viel komplexer und variantenreicher als hier beschrieben. Es werden unzählige Tänze aufgeführt, Hüpfer veranstaltet und auch Flugkünste gezeigt. Hat sich ein Paar dann füreinander entschieden, führt es in der Regel eine lebenslange Ehe, aber selbstverständlich gibt es auch Ausnahmen. Die Brutzeit der Spatzen dauert von April bis August und kann bis zu vier Gelege umfassen. Das klingt viel, insbesondere wenn man für jede Brut etwa vier bis sechs Eier berechnet, doch wird nur etwa jeder dritte Nestling flügge und von den ausgeflogenen Jungvögeln überleben auch nur 20 bis 40 Prozent.

Die Neststandorte werden schon vor der Balz durch die Männchen ausgewählt, bei Nestverlust suchen beide zusammen dann einen neuen Ort. Für den Nestbau werden alle geeigneten Strukturen im Umfeld des Menschen genutzt. Im Grunde kommt jeder beliebige Hohlraum in Betracht, seien es Regenrohre, Mauerlücken, Gerüstlöcher, Lüftungsschlitze, Spalten hinter Firmenschildern oder Straßenlaternen – die Möglichkeiten sind nahezu endlos. In den auserwählten Hohlraum wird dann ein Kugelnest gebaut und die verwendeten Baumaterialien sind fast ebenso vielfältig wie die Niststandorte.

Die Brut beginnt nach der Ablage des vorletzten Eies, dauert ca. 10 bis 15 Tage und wird von beiden Partnern abgedeckt, allerdings liegt der Brutanteil der Männchen nur bei etwa einem Drittel. Nach dem Schlüpfen werden die Nestlinge von beiden zuerst mit kleinen Insekten und später dann zusätzlich mit Sämereien gefüttert. Nach durchschnittlich 14-16 Tagen verlassen sie das Nest und schon zwei Wochen danach sind sie selbständig und schließen sich einem der Trupps im Umkreis an. Die Eltern dagegen leben weiterhin separiert von den Gruppen, nur im Spätsommer schließen auch sie sich den großen Schwärmen ihrer Artgenossen an.

Lebenserwartung

Die zahlreichen Trupps von Haussperlingen, die wir in den Großstädten und auch auf dem Lande überall beobachten können, setzen sich also hauptsächlich aus noch nicht geschlechtsreifen Jungvögeln zusammen. Die Mortalität der jungen Tiere ist extrem hoch: Im ersten Monat nach dem Ausfliegen kommen in ländlichen Gegenden über 50 Prozent, in den Städten etwa 35 bis 40 Prozent zu Tode. Grund für die hohe Sterblichkeit sind wohl Probleme bei der selbständigen Nahrungsbeschaffung und natürliche Feinde wie Katzen oder Raubvögel. Die durchschnittliche Lebenserwartung eines ausgewachsenen Spatzen liegt bei etwa 1,5 bis 2,3 Jahren, unter günstigen Voraussetzungen bei 3,5 Jahren. Vor allem Greifvögel haben es auf sie abgesehen und besonders gefährdet sind männliche, ausgewachsene Spatzen mit stark ausgeprägten Kehlflecken, während Männchen mit weniger auffälligen Färbungen bei den Weibchen zwar weniger gut ankommen, dafür aber länger leben. Einige Vögel haben Glück und überleben das Durchschnittsalter, doch sind das nicht übermäßig viele. Bis zu 15 Prozent der Vögel erreichen immerhin das vierte Lebensjahr, 7 Prozent werden sechs Jahre und 2 Prozent sogar 7 Jahre alt. Der älteste belegte freilebende Spatz erreichte sogar das dreizehnte Lebensjahr. In menschlicher Obhut lebende Vögel haben größere Chancen, ein höheres Alter zu erreichen. Angeblich wurde ein Käfigspatz sogar 23 Jahre alt, doch ist diese Angabe nicht hundertprozentig gesichert.

Literatur (Auswahl)

Amira 1891
Karl v. Amira: Thierstrafen und Thierprocesse. In: Mittheilungen des Instituts für Österreichische Geschichtsforschung, Band XII (1891), S. 545-601.

Blotzheim 1997
Urs N. Glutz von Blotzheim: Handbuch der Vögel Mitteleuropas. Band 14/I: Passeriformes. Wiesbaden 1997, AULA-Verlag.

Breidenstein 1779
Johann Philipp Breidenstein: Naturgeschichte des Sperlings teutscher Nation. Gießen 1779, Kriegerische Buchhandlung.

Emerson 1988
Ralph Waldo Emerson: Natur. Zürich 1988, Diogenes.

Gasser 1991
Christoph Gasser: Vogelschutz zwischen Ökonomie und Ökologie. In: S. Becker/ A.C. Bimmer (Hrsg.): Mensch und Tier. Marburg 1991, Jonas Verlag, S. 41-60.

Gattiker 1989
Ernst u. Luise Gattiker: Die Vögel im Volksglauben. Eine volkskundliche Sammlung aus verschiedenen europäischen Ländern von der Antike bis heute. Wiesbaden 1989, AULA-Verlag.

HDA 1936/1937
Handwörterbuch des Deutschen Aberglaubens, Band VIII. Berlin und Leipzig 1936/1937, Walter de Gruyter, Sp. 252ff.

Johler 1997
Reinhard Johler: Vogelmord und Vogelliebe. In: Historische Anthropologie, Jg 5., Heft 1, 1997, S. 1-35.

Kipps 1955
Clare Kipps: Sold for a farthing. London 1955, Frederick Muller.

Kipps 1978
Clare Kipps: Noch ein Spatz (Timmy). Zürich 1978, Sanssouci.

Klose 2005
Johannes Klose: Aspekte zur Wertschätzung von Vögeln in Brandenburg. Göttingen 2005, Cuvillier Verlag.

Lorenz 1969
Konrad Lorenz: Er redete mit dem Vieh, den Vögeln und den Fischen. München 1969, dtv.

Montaigne 2005
Michel de Montaigne: Von der Kunst, das Leben zu lieben. Übersetzt von Hans Stilett, Frankfurt a.M. 2005, Eichborn.

Steiner 1891
Carl J. Steiner: Die Thierwelt nach ihrer Stellung in Mythologie und Volksglauben, in Sitte und Sage, in Geschichte und Litteratur, in Sprichwort und Volksfest. Gotha 1891, E.F. Thienemanns Hofbuchhandlung.

Anmerkungen

1 Gattiker 1989, S. 104.

2 Ebd., S. 97.

3 Desmond Morris: Eulen. Berlin 2014, Matthes & Seitz, S. 7.

4 Johann Wolfgang Goethe: Maximen und Reflexionen, Nr. 549. In: Berliner Ausgabe, Band 18. Hrsg. v. S. Seidel, Berlin 1960, Aufbau Verlag, S. 615.

5 Carlos Gregorio Rosignoli: Wunderwerck Gottes in seinen Heiligen. Augspurg und Dillingen 1705, J. C. Bencard, S. 569-572. Wörtlich heißt es: „*Jetzt gehe und fliege gleichwohl hin, wenn du kannst und verstöre ein anderes Mal diese wegen der Worte Gottes andächtig versammelten geistlichen Jungfrauen*".

6 Alles nach Gattiker 1989, S. 101ff.

7 Erich Weidinger: Die Apokryphen. Verborgene Bücher der Bibel. Augsburg 1999, Bechtermünz Verlag/Weltbild, S. 466f.

8 Michail Bulgakow: Der Meiser und Margarita, München 1990, dtv, S. 212f. *Der Meister und Margarita*, eine satirisch-groteske Variation des Faustthemas, ist das bekannteste Werk des sowjetischen Schriftstellers Bulgakow (1891-1940).

9 Martin Luther: Colloquia oder Tischreden Doctor Martini Lutheri / so er in vielen Jaren / die Zeit seines Lebens / gegen gelehrten Leuthen / auch fremden Gesten und seinen Tischgesellen geführet. Franckfurt am Mayn 1593, S. 264.

10 Otto von Corvin: Pfaffenspiegel. Historische Denkmale des Fanatismus in der römisch-katholischen Kirche. Stuttgart 1871, Vogler & Beinhauer, S. 55f.

11 Johann Scheible: Das Kloster, weltlich und geistlich, Band 12. Stuttgart 1849, S. 949.

12 Amira 1891, S. 561ff.

13 Eduard Osenbrüggen: Studien zur deutschen und schweizerischen Rechtsgeschichte. Schaffhausen 1868, Verlag der Fr. Hurter'schen Buchhandlung, S. 147.

14 Blotzheim 1997, S. 98.

15 Lorenz 1969, S. 108.

16 Breidenstein 1779, S. 54 FN.

17 Sappho (7./6. Jh. v.Chr.), griechische Dichterin.

18 C. Valerius Catullus: Sämtliche Gedichte. Übersetzt von Michael von Albrecht. Stuttgart 1994, Reclam, S. 8.

19 Breidenstein 1779, S. 31 FN.

20 Georg Wilhelm Friedrich Hegel: Vorlesungen über die Geschichte der Philosophie, Erster Theil. Berlin 1840, Duncker & Humblot, S. 300.

21 Valentino Kräutermann: Der Thüringische Theophrastus Paracelsus. Arnstadt und Leipzig 1730, Ernst Ludwig Nieth, S. 214.

22 HDA 1936/1937, Sp. 252f.

23 Steiner 1891, S. 161.

24 Rudolf Steiner: Nationalökonomischer Kurs. Basel 1996, Rudolf Steiner Verlag. Zweiter Vortrag. Steiner (1861-1925) war ein österreichischer Publizist und Begründer der Anthroposophie.

25 John Kenneth Galbraith (1908-2006), kanadisch-amerikanischer Sozialkritiker, gilt als einer der einflussreichsten Ökonomen des 20. Jahrhunderts.

26 Mária Rósza: Die Geschichte der Pester Druckerei von József Beimel und Vazul Kozma 1830-1864. In: Mitt. der Gesell. für Buchforschung in Österreich 2011-1, S. 37.

27 Karl Friedrich Wilhelm Wander (Hrsg.): Deutsches Sprichwörter-Lexikon. Ein Hausschatz für das deutsche Volk, Band 4. Augsburg 1987, Weltbild Verlag, Sp. 670.

28 Ernst Hiemer: Der Pudelmopsdackelpinscher und andere besinnliche Erzählungen. Nürnberg 1940, Stürmer-Buchverlag, S. 50ff.

29 Ebd., S. 54.

30 Ebd.

31 Georg Christoph Lichtenberg (1742-1799), deutscher Mathematiker und erster deutscher Professor für Experimentalphysik in der Zeit der Aufklärung, gilt auch als Begründer des deutschsprachigen Aphorismus. L. hielt jahrelang seine Gedanken, Ideen und Reflexionen in Schreibheften fest, die er selbst ironisch als „Sudelbücher“ bezeichnete und die nach seinem Tode veröffentlicht wurden.

32 Zitate im Folgenden nach Georg Christoph Lichtenberg: Schriften und Briefe (4 Bände + 2 Kommentarbände). Hrsg. v. Wolfgang Promies. München 1968-1992, Carl Hanser Verlag. Band 1, S. 672 + 676; Band 2, S. 810.

33 Hermann Weber: Juristensöhne als Dichter. Hans Fallada, Johannes R. Becher und Georg Heym. Der Konflikt mit der Welt ihrer Väter in ihrem Leben und ihrem Werk. Berlin 2009, Berliner Wissenschafts-Verlag, S. 70.

34 Zitate nach Hans Fallada: Märchen vom Stadtschreiber, der aufs Land flog. München 1986, S. 120-135 und 199.

35 Kipps 1955.

36 Emerson 1988, S. 53. Ralph Waldo Emerson (1803-1882) war ein amerikanischer Philosoph und Schritsteller.

37 Ebd., S. 38.

38 Liechtensteiner Nachrichten, vormals „Oberrheinische Nachrichten“, Vaduz, Dienstag, 21. März 1933, S. 4.

39 Im Folgenden siehe Amira 1891.

40 Voltaire`s Kommentar über Montesquieu`s Werk von den Gesetzen. Berlin 1780, Joachim Pauli, S. 102. Voltaire, eigentlich François-Marie Arouet (1694-1778), französischer Philosoph und Schriftsteller, war eine der einflussreichsten Persönlichkeiten der französischen Aufklärung. Montesquieu (1689-1755), der ebenfalls als Philosoph und Schriftsteller tätig war, gilt als einer der Vordenker der Aufklärung.

41 Julius Rodenberg: Drei Vogelstimmen. In: Lieder und Gedichte, Berlin 1880, Verlag Gebrüder Paetel, S. 12-14. Julius Rodenberg (1831-1914), eigentlich Julius Levy, war ein deutscher Journalist und Schriftsteller.

42 Karl Mayer: Spatz und Spätzin. In: Die zehnte Muse, Dichtungen vom Brettl und fürs Brettl. Hrsg. v. Maximilian Bern, Berlin 1904, Verlag Otto Eisner, S. 244.

43 Clemens Brentano: Rotkehlchens Liebseelchens Tod und Begräbniß. In: Clemens Brentano`s Gesammelte Schriften. Hrsg. v. Christian Brentano. Frankfurt am Main 1852, J.D.Sauerländer`s Verlag, S. 434-439. Der Dichter Clemens Brentano (1778-1842) war ein Hauptverteter der Heidelberger Romantik.

44 Gisela von Arnim: Aus den Papieren eines Spatzen. Berlin 1848, S. 78.

45 Italo Svevo: Ein gelungener Scherz. Frankfurt/Leipzig 2002, Insel Verlag, S. 18.

46 Zitate nach Günter Grass: Die Blechtrommel. Berlin 1988, Verlag Volk und Welt, S. 550 + 557.

47 Zitate nach Arno Surminski: Die Vogelwelt von Auschwitz. München 2008, Langen Müller. S. 68, 108 + 153.

48 Zitate nach Günther Niethammer: Beobachtungen über die Vogelwelt in Auschwitz. In: Annalen des Naturhistorischen Museums in Wien, Band 52 (1941), 164-199, S. 164 + 173.

49 Steiner 1891, S. 162.

50 Zitat nach NABU (Hrsg.): Der Haussperling. Vogel des Jahres 2002, S. 11.

51 Mary Wollstonecraft Shelley: Frankenstein oder Der moderne Prometheus. Berlin 2009, Fischer Verlag, Kap. 16.

52 Klabund: Totenklage XXIX. In: Sämtliche Werke, Band I, Lyrik 2. Teil. Hrsg. v. Ramazan Şem, Atlanta 1998, Editions Rodopi, S. 401.

53 Klabund: Sanatorium. In: Morgenrot! Klabund! Die Tage dämmern! Berlin 1913, Erich Reiß Verlag, S. 67.

54 Tauben vergiften (Frühlingslied). Liedtext, veröff. 1958 bei Amadeo. Georg Kreisler (1922-2011) war ein österreichischer Komponist, Sänger und Dichter.

55 Georg Friedrich Händel (1685-1759), deutscher Komponist des Barock.

56 Blotzheim 1997, S. 97.

57 Kipps 1955, S. 36ff.

58 Kipps 1978, S. 29 + 33.

59 Blotzheim 1997, S. 61ff. + 95.

60 Montaigne 2005, S. 213. Michel de Montaigne (1533-1592) war ein französischer Politiker und Philosoph und gilt als Begründer der Essayistik.

61 Das sechste und siebente Buch Mosis, sein wahrer Wert und was das Volk darin sucht. Dresden 1930, Buchversand Gutenberg, S. 96.

62 Breidenstein 1779, S. 87.

63 Ebd., S. 98.

64 Gattiker 1989, S. 71ff.

65 Nach Breidenstein 1779, S. 121 + 130f.

66 Klose 2005, S. 52f.

67 Gasser 1991, S. 45.

68 Georg von Forstner: Gegenwärtiger Zustand der deutschen Landwirthschaft bey ihren dringendsten Bedürfnissen. Tübingen 1892, C.F. Osiander, S. 40.

69 Johler 1997, S. 22.

70 Im Folgenden siehe Brehm`s Tierleben, Vierter Band: Die Sperlingsvögel. Leipzig 1933, Bibliographisches Institut, S. 368ff.

71 Erasmus Gersdorf: Sperlingsbekämpfung unter Verwendung von grüngefärbtem Strychninweizen. Aus dem Pflanzenschutzamt Hannover, Sonderdruck Hamburg 1951, S. 6.

72 Ebd., S. 13.

73 Ebd., S. 24.

74 Blotzheim 1997, S. 72.

75 Laut Lutherübersetzung war es eine Schwalbe, aber im lateinischen Text ist eindeutig vom *passer domesticus biblicus* und im Griechischen vom στρουθίον die Rede.

76 Paul Musehold: Die Pest und ihre Bekämpfung. Berlin 1901, Verlag von August Hirschwald, S. 68.

77 Enrico di Wolmar: Abhandlung über die Pest, nach vierzehnjährigen eigenen Erfahrungen und Beobachtungen. Berlin 1827, Vossische Buchhandlung, S. 347.

78 Beilage zu den Berlinischen Nachrichten von Staats- und gelehrten Sachen, Nr. 258, 3. November 1831, [S. 1].

79 Zu den Rezepten siehe Gattiker 1989, S. 100 und Aus der Natur: Das Neueste auf dem Gebiete der Naturwissenschaften. Neue Folge, Nr. 17, 1873, S. 266; HDA 1936/37, Sp. 254.

80 Paracelsus (1493-1541), deutschsprachiger Arzt, Alchemist, Astrologe und Philosoph, einer der bedeutendsten Universalgelehrten seiner Zeit, verfasste zahlreiche medizinische, theologische und philosophische Abhandlungen.

81 Johannes Nohl: Der schwarze Tod. Eine Chronik der Pest 1348-1720. Hamburg 2013, Severus-Verlag, S. 82.

82 Bernhard Stern: Medizin, Aberglaube und Geschlechtsleben in der Türkei. Berlin 1903, Verlag von H. Barsdorf, S. 234.

83 Felix Fontana: Abhandlung über das Viperngift, die Amerikanischen Gifte, das Kirschlorbeergift und einige andere Pflanzengifte. Hamburg 1787, S. 158f und 258f.

84 William Bingley: Thierseelenkunde, oder Sammlung merkwürdiger Anekdoten aus dem Thierreiche. Dritter Band. Leipzig 1810, Baumgärtnerische Buchhandlung, S. 262f.

85 N.N.: Kurtzer Doch gründlicher Begriff der Edlen Jägerey. Nordhausen 1730, Johann Heinrich Groß, S. 403.

86 Breidenstein 1779, S. 63.

87 Zedlers Universal-Lexikon, Band 38. Leipzig 1743, Sp. 1514.

88 Aus der Natur: Das Neueste auf dem Gebiete der Naturwissenschaften. Neue Folge, Nr. 17, 1873, S. 266.

89 Theo Schuster: Bösselkatrien heet mien Swien: Das Tier in der ostfriesischen Kulturgeschichte und Sprache. Leer 2001, Verlag Schuster, S. 584.

90 Pfennig-Magazin für Verbreitung gemeinnütziger Kenntnisse, Nr. 344, 2. November 1839, S. 346.

91 Gattiker 1989, S. 104.

92 Unterhaltungsblätter für Welt- und Menschenkunde, Dritter Jahrgang 1826, Nr. 2, S. 29.

93 August Bebel: Aus meinem Leben. Bonn 1997, J.H.W. Dietz Nachf., Band 2, Kap. 47. August Bebel (1840-1913) war ein sozialistischer deutscher Politiker und Publizist.

94 Stephan Börnecke: Tod am Nil. In: Schrot & Korn 10/2016. 79ff.

95 Im Folgenden siehe Karl Martell Spatz: Familienbuch des Geschlechtsverbandes der Spatzen. Görlitz 1926, E.A. Starke, S. 13 und 25ff.

96 Karl Martell Spatz wurde zweifelsohne nach dem berühmten fränkischen Hausmeier Karl Martell (ca. 690-741) benannt, der als Feldherr das Fränkische Reich erweiterte und seit seinem Sieg in der Schlacht von Poitiers (732) gegen die Araber als Retter des

christlichen Abendlandes galt. Seinen militärischen Erfolgen verdankte er den Beinamen Martellus (= der Hammer).

97 NABU (Hrsg.): Spatz, Vogel des Jahres 2002. S. 8.

98 Badische Zeitung vom 12. August 1958.

99 Ted R. Anderson: Hous Sparrow. From Genes to Populations. Oxford 2006, University Press, S. 435f.

102 Angaben v.a. nach Blotzheim 1997, S. 70ff.

101 Alle nachfolgenden Angaben nach Blotzheim 1997, S. 34ff.

Abbildungsverzeichnis

Seite 81: Illustration von C. Scheul, Erscheinungsjahr unbekannt.

Seite 94: J.H. Gurney: The House Sparrow, by an Ornithologist. London 1885, Frontspiz.

Seite 100: Werbeanzeige von Joseph H. Dodson (1915).

Seite 101: John George Sowerby: Afternoon Tea (1880).

Seite 113: Vincent van Gogh: Tote Sperlinge (1885), Stedelejk Museum Amsterdam.

Seite 119: H.A. Macpherson: A history of fowling. Edinburgh 1897, S. 45.

Seite 125: Giovanni da Udine: Studie eines fliegenden Spatzen (um 1515), Nationalmuseum Stockholm.

Seite 134: Fotografie von 1905, Urheber unbekannt.

Seite 139: Illustration von William Yarrell in: Walter B. Barrow: The English Sparrow (Passer Domesticus) in North America, Washington 1889, S. 16.

Über die Autorin

Jette Anders studierte Ur- und Frühgeschichte sowie Mediävistik und promovierte an der Humboldt-Universität in Berlin. Sie ist als Archäologin, Lektorin und Antiquarin tätig.